高等职业教育"十三五"规划教材(物联网应用技术系列)

数据库原理与 SQL 语言

主　编　余恒芳　汪晓青

副主编　李宗山　张克斌

主　审　于继武

中国水利水电出版社
www.waterpub.com.cn
·北京·

内 容 提 要

"数据库原理与 SQL 语言"课程的主要任务是培养学生使用 SQL Server 2012 开发平台，利用数据库的设计与开发技术，创建适合企业应用的数据库管理系统，使学生了解数据库的相关概念、关系型数据库的理论和 SQL 语言，掌握数据库的设计与开发流程，达到数据库人才必须具备的数据库知识和技能要求，为后续就业和继续学习打下良好的基础。

本书内容丰富、简明易懂，突出理论与案例相结合，每个知识点对应相应的案例，并包括知识点和案例的扩展，具有很强的实用性。全书共 9 章：数据库概述、关系型数据库的理论基础、SQL 语言和 T-SQL 编程基础、使用 SQL 语言创建和管理数据库与基本表、使用 SQL 语言查询和管理数据、索引和视图、存储过程和触发器、数据库设计、数据库应用系统的开发。在内容上，将数据库应用技术与具体实例相结合，注重学生 SQL 编程技能的培养；在章节设计上，循序渐进、深入浅出地培养学生的动手能力。

本书可作为高职高专院校和应用型本科院校计算机、物联网应用技术等相关专业的教材和教学参考书，也可作为数据库爱好者的学习用书和自学参考书。

本书配有免费电子教案，读者可以从中国水利水电出版社网站以及万水书苑下载，网址为：**http://www.waterpub.com.cn/softdown/** 或 **http://www.wsbookshow.com**。

图书在版编目（ＣＩＰ）数据

数据库原理与SQL语言 / 余恒芳，汪晓青主编. --
北京 ：中国水利水电出版社，2017.10
高等职业教育"十三五"规划教材. 物联网应用技术系列
ISBN 978-7-5170-5963-9

Ⅰ．①数… Ⅱ．①余… ②汪… Ⅲ．①关系数据库系统－高等职业教育－教材 Ⅳ．①TP311.132.3

中国版本图书馆CIP数据核字(2017)第256154号

策划编辑：周益丹　责任编辑：周益丹　加工编辑：张青月　封面设计：梁　燕

书　　名	高等职业教育"十三五"规划教材（物联网应用技术系列） 数据库原理与 SQL 语言 SHUJUKU YUANLI YU SQL YUYAN
作　　者	主　编　余恒芳　汪晓青 副主编　李宗山　张克斌 主　审　于继武
出版发行	中国水利水电出版社 （北京市海淀区玉渊潭南路 1 号 D 座　100038） 网址：www.waterpub.com.cn E-mail: mchannel@263.net（万水） 　　　　 sales@waterpub.com.cn 电话：（010）68367658（营销中心）、82562819（万水）
经　　售	全国各地新华书店和相关出版物销售网点
排　　版	北京万水电子信息有限公司
印　　刷	三河市铭浩彩色印装有限公司
规　　格	184mm×260mm　16 开本　12.25 印张　260 千字
版　　次	2017 年 10 月第 1 版　2017 年 10 月第 1 次印刷
印　　数	0001—3000 册
定　　价	36.00 元

凡购买我社图书，如有缺页、倒页、脱页的，本社营销中心负责调换

前　言

SQL 语言是一种数据库查询和程序设计语言，用于存取数据以及查询、更新和管理关系数据库系统。"数据库原理与 SQL 语言"课程的主要任务是培养学生使用 SQL Server 2012 开发平台，利用数据库的设计与开发技术，创建适合企业所应用的数据库管理系统，使学生了解数据库的相关概念、关系型数据库的理论和 SQL 语言，掌握数据库的设计与开发流程，达到数据库人才必须具备的数据库知识和技能要求，为后续就业和继续学习打下良好的基础。

本书可作为高职高专院校和应用型本科院校计算机、物联网应用技术等相关专业的教材和教学参考书。学习本书之前必须有一定的计算机基础。

本书针对全国示范性软件职业学院的特点编写，内容丰富、简明易懂，突出理论与案例相结合，每个知识点对应相应的案例，并包括知识点和案例的扩展，具有很强的实用性。在内容上，将数据库应用技术与具体实例相结合，注重学生 SQL 编程技能的培养；在章节设计上，循序渐进、深入浅出地培养学生的动手能力。

本书是作者在多年的教学经验积累和教学实践的基础上，阅览了大量国内外相关教材资料后，精心编撰而成的，主要特点如下：

（1）知识点全面、语言简。

本书深入浅出地描述了 SQL 语言的编程应用和开发技能，系统阐述了 SQL 语言的基础知识和开发方法，并且结合高职高专学生的特点，理论描述完成后，针对具体知识点编写了相应的案例，并对案例进行分析和解答，引导读者加深对具体知识点的理解和应用。

（2）内容丰富、重点突出。

本书将数据库原理和 SQL 语言的内容按知识点编排具体章节，内容丰富，具体应用重点突出，读者可循序渐进地学习各知识点及其应用。

（3）理论与案例相结合。

本书将理论知识点和案例结合，最后是一个综合实训项目。知识点的具体应用体现在单个案例中，知识点的综合应用体现在综合实训项目中，通过案例和实训项目来提升学习者的应用能力和动手实践能力。

（4）提供实训资源、电子教案和视频讲解。

本书的案例、实训资源和电子教案等教学资源都会在出版社网站上免费提供，读者也可发电子邮件（yhf20022001@163.com）获取或与编者交流。

全书共 9 章：数据库概述、关系型数据库的理论基础、SQL 语言和 T-SQL 编程基础、使用 SQL 语言创建和管理数据库与基本表、使用 SQL 语言查询和管理数据、索引和视图、存储过程和触发器、数据库设计、数据库应用系统的开发。书中将每个知识点与具体实例相结合，注重学生 SQL 编程技能和动手能力的培养，使学生能迅速熟练使用 SQL 语言进行数据库编程。

本书由余恒芳、汪晓青任主编，李宗山、张克斌任副主编，于继武任主审，邢远秀、鲁娟、胡志丽、肖奎、黄彦韬参加了编写工作，余恒芳统编全稿。

由于时间仓促，书中不妥或错误之处的所难免，敬请广大读者批评指正。同时，恳请读者一旦发现错误，请及时与编者（yhf20022001@163.com）联系，以便及时更正，编者不胜感激。

编 者

2017 年 9 月

目　　录

第 1 章

数据库概述

　　本章主要介绍信息、数据、数据库及数据库系统的基本概念，以及人类由数据管理向数据库管理的演变和发展过程，重点介绍数据模型、概念模型、逻辑模型、物理模型及数据库系统的三级模式和两次映射的体系结构，最后介绍目前常用的数据库管理系统—SQL Server 2012 的特点及安装方法。

1.1　基本概念和定义

1.1.1　数据与信息

信息指具有一定含义的数据，或者说我们人类可以直接理解的内容。一条短信、一条微信、网络上的一篇文章、一封邮件等都是信息。信息的重要特征是经过加工处理后可以变为有价值的数据。

数据是信息的载体，是信息的符号化表示。在计算机中，数据是描述各种信息的符号记录。信息时代的数据是一个广义概念，包含数字、字符、符号、音频、视频、动画等。

数据和信息之间是相互联系的。数据是反映客观事物属性的记录，是信息的具体表现形式。数据经过加工处理之后，就成为信息；而信息需要经过数字化转变成数据以便于收集、加工、存储、处理和传递。

1.1.2　数据库

数据库（Database）是按照一定数据结构来组织、存储、管理并长期存储在计算机内、有组织的、可共享的数据集合。数据库中的数据是以一定的数据模型组织、描述和存储在一起，具有尽可能小的冗余度、较高的数据独立性和易扩展性的特点并可在一定范围内为多个用户共享，以最优方式为某个特定组织的多种应用服务，其数据结构独立于使用它的应用程序对数据进行增、删、改、查等操作。

例如，企业或事业单位的人事部门常常要把本单位职工的基本情况（职工号、姓名、年龄、性别、籍贯、学历、工资、职称等）存放在表中，这张表就可以看成一个数据库。有了这个"数据仓库"，我们可以根据需要随时查询某职工的基本情况，也可以查询工资在某个范围内的职工人数等。此外，在财务管理、仓库管理、生产管理中也需要建立众多的这种"数据库"，这样便可以利用计算机实现财务、仓库、生产的自动化管理。

数据库有很多种类型，从最简单的存储各种数据的表格到能够进行海量数据存储的大型数据库系统，它们都在各个方面得到了广泛的应用。在信息化社会，充分有效地管理和利用各类信息资源，是进行科学研究和决策管理的前提条件。数据库技术是管理信息系统、办公自动化系统、决策支持系统等各类信息系统的核心部分，是进行科学研究和决策管理的重要技术手段。

1.1.3　数据库管理系统

数据库管理系统（Database Management System，DBMS）是一种开发、维护和管

理数据库的大型软件平台，用于建立、使用和维护数据库。它对数据库进行统一的管理和控制，以保证数据库的安全性和完整性。开发人员通过它来创建数据库，用户通过它来访问数据库中的数据，数据库管理员通过它来进行数据库的维护工作。它可使多个应用程序和用户用不同的方法同时或不同时地去建立、修改和查询数据库。大部分 DBMS 提供数据定义语言 DDL（Data Definition Language）和数据操纵语言 DML（Data Manipulation Language），供用户定义数据库的模式结构与权限约束，实现对数据的追加、删除等操作。数据库管理系统是数据库系统的核心，是管理数据库的软件。数据库管理系统就是实现将用户意义下抽象的逻辑数据处理转换成计算机中具体的物理数据处理的软件。

DBMS 的主要功能：

（1）数据定义

DBMS 提供数据定义语言 DDL（Data Definition Language），供用户定义数据库的三级模式结构、两级映像以及完整性约束和保密限制等约束。DDL 主要用于建立、修改数据库的库结构。DDL 所描述的库结构仅仅给出了数据库的框架，数据库的框架信息被存放在数据字典（Data Dictionary）中。

（2）数据操作

DBMS 提供数据操作语言 DML（Data Manipulation Language），供用户实现对数据的追加、删除、更新、查询等操作。

（3）数据库的运行管理

数据库的运行管理功能是 DBMS 的运行控制、管理功能，包括多用户环境下的并发控制、安全性检查和存取限制控制、完整性检查和执行、运行日志的组织管理、事务的管理和自动恢复，即保证事务的原子性。这些功能保证了数据库系统的正常运行。

（4）数据组织、存储与管理

DBMS 要分类组织、存储和管理各种数据，包括数据字典、用户数据、存取路径等，需确定以何种文件结构和存取方式在存储级上组织这些数据，如何实现数据之间的联系。数据组织和存储的基本目标是提高存储空间利用率，选择合适的存取方法提高存取效率。

（5）数据库的保护

数据库中的数据是信息社会的战略资源，所以数据的保护至关重要。

DBMS 对数据库的保护通过 4 个方面来实现：数据库的恢复、数据库的并发控制、数据库的完整性控制、数据库安全性控制。DBMS 的其他保护功能还有系统缓冲区的管理以及数据存储的某些自适应调节机制等。

（6）数据库的维护

这一部分包括数据库的数据载入、转换、转储、数据库的重组合重构以及性能监控等功能，这些功能分别由各个使用程序来完成。

（7）通信

DBMS 具有与操作系统的联机处理、分时系统及远程作业输入的相关接口，负责处理数据的传送。对网络环境下的数据库系统，还应该包括 DBMS 与网络中其他软件系统的通信功能以及数据库之间的互操作功能。

1.1.4 数据库系统

数据库系统（Database System，DBS）是指以计算机系统为基础，以数据库方式管理大量共享数据的综合系统，通常由硬件系统、软件系统、数据库、数据管理员和用户五个部分构成。

（1）硬件系统

硬件系统是数据库赖以存在的物理设备，必须有足够大的内存、大容量的硬盘和光盘、直接存取设备、多 CPU 处理器，较高的数据传输设备等。

（2）软件系统

软件系统主要是操作系统、各种宿主语言、实用程序以及数据库管理系统，其中最重要的是数据库管理系统（DBMS）软件，用户或程序设计人员通过 DBMS 可以实现数据库的创建、操作使用和维护，它是数据库系统的核心。

（3）数据库

数据库可存于外存、可以共享，是与程序彼此独立的一组相互关联的数据集合。包括物理数据库和描述数据库。其数据结构独立于使用它的应用程序，方便用户对数据进行增、删、改、查等操作。它能以最优方式、最小冗余，为多个用户或应用程序共享服务。

（4）数据库管理员

数据库管理员负责创建、监控和维护整个数据库，使数据能被任何有权利使用的人有效使用。数据库管理员一般是由业务水平较高、资历较深的人员担任。

（5）用户

数据库系统的用户主要有两种：一种是对数据库进行联机查询和使用的最终用户；另一种是负责应用程序模块设计和数据库操作的开发设计人员。

数据库系统是为适应数据处理的需要而发展起来的一种较为理想的数据处理的核心机构。计算机的高速处理能力和大容量存储器提供了实现数据管理自动化的条件。

数据库系统的出现是计算机应用的一个里程碑，它使得计算机应用从以科学计算为主转向以数据处理为主，从而使计算机得以在各行各业乃至家庭普遍使用，而这对大数据时代的各种应用来说是至关重要的。在数据库系统之前的文件系统虽然也能处理持久数据，但是文件系统不提供对任意部分数据的快速访问。为了实现对任意部分数据的快速访问，就要研究许多优化技术。这些优化技术往往很复杂，是普通用户难以实现的，所以就要由系统软件（数据库管理系统）来完成，而提供给用户的是简单易用的数据库语言。由于对数据库的操作都由数据库管理系统完成，所以数据库可以独立于具体的应用程序而存在，又可以为多个用户所共享。因此，数据的独立性和共享性是数据库系统的重要特征。

1.2　数据管理发展的过程

随着计算机硬件和软件技术的发展，数据的处理和管理技术也发生了根本性的变革，而数据库技术的发展，又将数据处理和管理技术推向了新的发展阶段。一般认为数据管理和处理技术主要经历了以下三个阶段。

1.2.1　人工管理

在20世纪50年代中期以前，计算机主要用于科学计算（商用、民用很少，基本没有），一般在关于信息的研究机构里才能拥有。因为要处理的数据量小，没有专门的软件来对数据进行管理，数据随着计算机处理的结束而退出计算机。当时由于存储设备（纸带、磁带）的容量空间有限，都是在做实验的时候暂存实验数据，做完实验就把数据结果打在纸带上或者磁带上带走，所以一般不需要将数据长期保存。数据并不是由专门的应用软件来管理，而是由使用数据的应用程序自己来管理。

在人工管理阶段，可以说数据是面向应用程序的，由于每一个应用程序都是独立的，一组数据只能对应一个程序，即使要使用的数据已经在其他程序中存在，但是程序间的数据是不能共享的，因此程序与程序之间有大量的数据冗余。

在人工管理阶段，数据不具有独立性。只要应用程序发生改变，数据的逻辑结构或物理结构就相应地发生变化，程序员要修改程序就必须要对数据结构做出相应的修改，因而给程序员的工作带来了很多负担。

1.2.2　文件系统管理

20世纪60年代中期，由于大容量数据存储器的出现，计算机开始应用于数据管理方面。此时，计算机的存储设备也不再是磁带和卡片了，硬件方面已经有了磁盘、磁鼓等可以直接存取的存储设备了。软件方面，操作系统中已经有了专门的数据管理软件，一般称为文件系统，文件系统一般由三部分组成：与文件管理有关的软件、被管理的文件以及实施文件管理所需的数据结构。文件系统阶段存储数据就是以文件的形式来存储，由操作系统统一管理。文件系统阶段也是数据库发展的初级阶段，使用文件系统存储、管理数据具有以下四个特点：

➢ 由于有了大容量的磁盘作为存储设备，计算机开始被用来处理大量的数据并存储数据，因此数据可以长期保存。

➢ 文件的逻辑结构和物理结构脱钩，程序和数据分离，数据和程序有了一定的独立性，减少了程序员的工作量。

➢ 由于每一个文件都是独立的，当需要用到相同的数据时，必须建立各自的文件，数据还是无法共享，也会造成大量的数据冗余。

> 在此阶段数据仍然不具有独立性，当数据的结构发生变化时，也必须修改应用程序，修改文件的结构定义；而应用程序的改变也将改变数据的结构。

1.2.3 数据库管理

20 世纪 60 年代后期，随着计算机在管理领域的应用规模越来越大，应用范围越来越广泛，数据量及处理的规模急剧增长，同时多种应用、多种语言互相覆盖地共享数据集合的要求越来越强烈，数据库技术便应运而生，于是出现了统一管理、处理数据的方法——数据库管理技术。

数据库技术一方面实现了数据与程序的完全独立，另一方面又实现了数据的统一管理。众多应用程序需要的各种数据，全部交给数据库系统管理，大大压缩了冗余数据，实现了多用户、多应用数据的共享。其中程序与数据的关系如图 1-1 所示。

图 1-1 数据库系统中数据与程序的关系

1.2.4 数据库未来发展的趋势

传统数据库技术主要应用于商业领域并且取得了巨大的成功，这种成功也刺激了其他领域对数据库技术的需求。尤其在计算机辅助设计、集成制造、电子商务、3D 打印、物联网、云计算、大数据等方面对数据库技术提出了新的更高的要求，这些需求也直接推动了数据库技术的广泛研究和新的发展。

（1）面向对象的数据库技术

关系数据库几乎是当前数据库系统的标准，关系语言与常规语言一起几乎可完成任意的数据库操作，但其简洁的建模能力、有限的数据类型、程序设计中数据结构的制约等却成为关系型数据库发挥作用的瓶颈。

面向对象方法起源于程序设计语言，它本身就是以现实世界的实体对象为基本元素来描述复杂的客观世界，但功能不如数据库灵活。因此部分学者认为将面向对象的建模能力和关系数据库的功能进行有机结合而进行研究是数据库技术的一个发展方向。

面向对象数据库技术，面向对象数据库的优点是能够表示复杂的数据模型，但由于没有统一的数据模式和形式化理论，因此缺少严格的数据逻辑基础。而演绎数据库虽有坚强的数学逻辑基础，但只能处理平面数据类型。因此，部分学者将两者结合，提出了一种新的数据库技术——演绎面向对象数据库，并指出这一技术有可能成为下一代数据库技术发展的主流。

（2）非结构化数据库理论

非结构化数据库理论主要针对关系数据库模型过于简单、不便表达复杂的嵌套需要以及支持数据类型有限等局限，从数据模型入手而提出的全面基于因特网应用的新型数据库理论，支持重复字段、子字段以及变长字段，实现了对变长数据和重复字段进行处理和数据项的变长存储管理，在处理连续信息（包括全文信息）和非结构信息（重复数据和变长数据）中有着传统关系型数据库所无法比拟的优势。但研究者认为此种数据库技术并不会完全取代如今流行的关系数据库，而是对它们的有益补充。

（3）数据库技术与多学科技术有机结合的发展

在计算机领域中层出不穷的新技术对数据库技术的发展产生了重大的影响，传统的数据库技术也在不断地与其他计算机技术相互结合、相互渗透，使得数据库的许多概念、技术内容和应用领域都有了重大的发展和变化。先后出现了如分布式数据库系统、并行数据库系统、演绎数据库系统、知识库系统、Web 数据库和多媒体数据库系统等一系列新型数据库系统。

1. 分布式数据库系统

分布式数据库是指利用高速计算机网络将物理上分散的多个数据存储单元连接起来组成一个逻辑上统一的数据库。分布式数据库的基本思想是将原来集中式数据库中的数据分散存储到多个通过网络连接的数据存储节点上，以获取更大的存储容量和更高的并发访问量。近年来，随着数据量的高速增长，分布式数据库技术也得到了快速的发展，传统的关系型数据库开始从集中式模型向分布式架构发展，基于关系型的分布式数据库在保留了传统数据库的数据模型和基本特征下，从集中式存储走向分布式存储，从集中式计算走向分布式计算。

这种分布式组织数据库的方法克服了传统以物理中心组织数据库的弱点，首先降低了数据传送代价，因为大多数对数据库的访问操作都是针对局部数据库的，而不是对其他位置的数据库访问；其次，系统的可靠性提高了很多，因为当网络出现故障时，仍然允许对局部数据库的操作，而且一个位置的故障不影响其他位置的处理工作，只有当访问出现故障的位置的数据时，在某种程度上才受影响；再者，便于系统的扩充，增加一个新的局部数据库，或在某个位置扩充一台适当的小型计算机，都很容易实现。

分布式数据库系统主要使用在地域上很分散的组织或部门的事务处理系统中，如银行业务处理、铁路网络售票、航空订票系统业务等方面。

2. 并行数据库系统

从 20 世纪 90 年代至今，随着处理器、存储、网络等相关技术的快速发展，并行数据库技术的研究上升到一个新的水平，研究的重点也转移到数据操作的时间并行性和空间并行性上。并行数据库系统的目标是高性能和高可用性，通过多个处理节点并行执行数据库任务，提高整个数据库系统的性能和可用性。

性能指标关注的是并行数据库系统的处理能力，具体的表现可以统一总结为数据库系统处理事务的响应时间。并行数据库系统的高性能可以从两个方面理解，一个是速度提升，一个是范围提升。速度提升是指通过并行处理，可以使用更少的时间完成两样多的数据库事务。范围提升是指通过并行处理，在相同的处理时间内，可以完成更多的数据库事务。并行数据库系统基于多处理节点的物理结构，将数据库管理技术与并行处理技术有机结合，来实现系统的高性能。

随着对并行计算技术研究的深入和 SMP、MPP 等处理机技术的发展，并行数据库的研究也进入了一个新的领域，集群已经成为了并行数据库系统中最受关注的热点。

3．多媒体数据库系统

多媒体数据库是数据库技术与多媒体技术结合的产物。多媒体数据库不是对现有的数据进行界面上的包装，而是从多媒体数据与信息本身的特性出发，考虑将其引入到数据库中之后而带来的有关问题。多媒体数据库从本质上来说，要解决三个难题：第一是信息媒体的多样化，不仅仅是数值数据和字符数据，要扩大到多媒体数据的存储、组织、使用和管理；第二要解决多媒体数据集成或表现集成，实现多媒体数据之间的交叉调用和融合，集成粒度越细，多媒体一体化表现才越强，应用的价值也就越大；第三是多媒体数据与人之间的交互性。

多媒体数据的数据量大，而且媒体间的差异也极大，从而影响数据库的组织和存储方法。如动态视频压缩后每秒仍达几十万字节甚至几兆字节的数据量，而字符数值等数据可能仅有几个字节。只有组织好多媒体数据库中的数据，选择设计好适合的物理结构和逻辑结构，才能保证磁盘的充分利用和应用的快速存取。数据量的巨大还反映在支持信息系统的范围的扩大，显然我们不能指望在一个站点上就存储上万兆的数据，而必须通过网络加以分布，这对数据库在这种环境下进行存取也是一种挑战。

4．云数据库

云数据库（Cloud Database）简称为"云库"，是在云计算环境中部署和虚拟化的数据库。将各种关系型数据库看成一系列简单的二维表，并基于简化版本的 SQL 或访问对象进行操作。使传统关系型数据库通过提交一个有效的链接字符串即可加入云数据库，云数据库可解决数据集中更广泛的异地资源共享问题。

5．数据仓库

数据集成与数据仓库（Data Warehouse）是面向主题、集成、相对稳定、反映历史变化的数据集合，是决策支持系统和联机分析应用数据源的结构化数据环境，主要侧重对机构历史数据的综合分析利用，找出对企业发展有价值的信息，以提供决策支持，帮助提高效益。其特征是面向主题、集成性、稳定性和时变性。新一代数据库使数据集成和数据仓库的实施更简单。数据应用逐步过渡到数据服务，开始注重处理：关系型与非关系型数据的融合、分类、国际化多语言数据。

1.3　数据模型概述

在数据库体系结构的三级结构中，数据模型是整个系统的核心和基础。每一个数据库系统都是基于某种对应的数据模型的，要学习和了解数据库系统首先需要弄清楚数据模型。

数据模型是现实世界事物特征的模拟和抽象，数据模型是数据库中数据的存储方式，是数据库系统的基础。作为模型应当满足：一是真实反映事物本质；二是容易被人理解；三是便于在计算机上实现。数据模型的抽象及加工是一个逐步转化的过程，经历了现实世界、信息世界和计算机世界这 3 个不同的世界，经历了两级抽象和转换，如图 1-2 所示。

图 1-2　现实世界事物抽象过程

概念模型和数据模型属于两个层次，人们对现实世界事物的研究，往往是以其模型的研究为基础的。由于计算机不能代替人直接处理具体事物，所以必须先由人把具体事物及其之间的联系转换为信息世界的概念模型，进而再转换为可以在计算机中存储、处理的数据模型，从而实现对事物的处理。可以说数据模型是数据库中抽象表示和处理数据的工具。

1.3.1　概念模型

概念模型也称为信息模型。概念模型是从人对现实世界的认识出发，根据建模的需要将具体的事物抽象为便于理解和研究的模型。概念模型是缺乏计算机知识的基本用户都容易理解的，也是用户和数据库设计人员进行交流的语言。它独立于任何数据库管理系统，但是又很容易向数据库管理系统支持的逻辑数据模型转换。

（1）概念模型中需要理解的术语

实体：现实世界中客观存在，并且可以互相区别的事物称为实体。它可以是具体的物体，如一台计算机、张三、某大学。也可以是某种联系，如学生的选课、顾客的购物、购票等。

属性：一个实体具有的特性都称为属性。实体属性越多，刻画出的实体越清晰。属性有"型"和"值"的概念，属性的名称（说明）就是属性的"型"，对型的具体赋值就是属性的"值"。比如一个学生可以由学号、姓名、性别、专业、院系、入学时间等属性型的序列来描述。而属性值（201601001、张三、男、软件技术、计算机学院、2016/9/10）的集合则表征了一个学生实体的值。

码：在众多属性中能够唯一标识（确定）实体的属性或属性组成称为实体的码。如一个在校学生实体的码应当是"学号"属性。

域：属性的取值范围称为该属性的域。如学生性别属性的域是："男"或"女"。

实体型：用实体名及描述它的各属性名，可以刻画出全部同质实体的共同特征和性质，被称为实体型。例如：学生（学号、姓名、性别、专业、院系、入学时间）就是一个实体型。

实体集：某个实体型下的全部实体，称为实体集。例如：某大学目前所有在校生，就是一个学生实体集。

联系：一个实体型内部各属性之间的联系，称为实体型内部联系。在实体型之间也存在着联系，称为实体型的外部联系，这种联系是指不同实体集之间的联系。

（2）实体型之间的联系

1）一对一联系（1:1）。当前实体集中的每一个实体，在另一个实体集中最多只能找到一个可以与它相对应的实体；反过来说，在另一个实体集中的每一个实体，也只能在当前实体集中最多找到一个能够与之相对应的实体，那么这两个实体集之间就存在着一对一的联系，并记作 1:1。

例如班长和班级的联系，就是一对一的联系。因为一个班级只能有一位班长，而一个人也只能成为一个班级的班长。再比如学校和校长之间的联系，也是一对一的联系。因为一个学校只能有一位校长，而一个人也只能成为一个学校的校长。如图 1-3 所示，其中方框中是实体名，菱形框中是联系名。

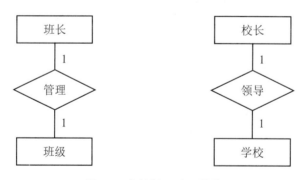

图 1-3　实体间一对一联系

2）一对多联系（1:n）。当前实体集中的每一个实体，在另一个实体集中可找到多个与之相对应的实体；反过来说，在另一个实体集中的每一个实体，却只能在当前实体集中找到一个能够相对应的实体。那么这两个实体集之间就存在着一对多的联系，并记作 1:n。

例如，高校每位班主任一般都能管理几百名学生，若规定每位学生只属于一个班级且由一名班主任管理，那么"班主任"实体和"学生"实体的联系，就是一对多的联系，如图 1-4 所示。如果反过来看，那么"学生"和"班主任"的联系就是多对一的联系了。

图 1-4 实体间一对多联系

3）多对多联系（m:n）。当前实体集中的每一个实体，在另一个实体集中可以找到多个与之相对应的实体；反过来说，在另一个实体集中的每一个实体，也能够在当前实体集中找到多个与之相对应的实体。那么这两个实体集之间就存在着多对多的联系，并记作 m:n。

例如，在顾客购物的过程中，商品顾客之间就存在着多对多的联系。因为每为顾客都可以选择多种不同的商品，相反每种商品有可能被多位顾客选中，如图 1-5 所示。

图 1-5 实体间多对多联系

实际上一对一联系是一对多联系的特例，而一对多联系又是多对多联系的特例。在实际处理中常常将两个一对一的实体合并成一个实体，而将一个多对多联系分解为两个一对多联系。例如，可将顾客购物这个多对多的联系分解为一对多的联系，首先增加一个存放顾客购买全部商品信息的"购物清单"实体集，将所有信息集中在这里，所以是多对一的联系。在这个"购买清单"实体中集中了全部购买商品的信息，所以是一对多的联系。这样，通过"清单"这个新实体的加入，"顾客"和"商品"之间多对多的联系就被分解成两个一对多的联系。在这个转换的过程中，"清单"实体起到了一种纽带的作用，所以称之为纽带实体，如图 1-6 所示。

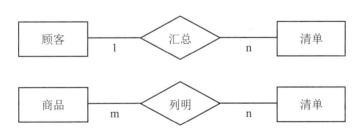

图 1-6 多对多联系的分解

（3）概念模型的表示方法

描述概念数据模型的主要工具是 E-R（实体—联系）模型，也称 E-R 图。利用 E-R 图实现概念结构设计的方法称为 E-R 方法。

E-R 图主要是由实体、属性和联系三个要素构成的。在 E-R 图中，使用了下面四种基本的图形符号，如表 1-1 所示。

表 1-1　E-R 模型的图形表示符号

图形符号	含义
▭	矩形表示实体，框中填写实体名
◇	菱形表示实体间联系，框中填写联系名
◯	椭圆表示实体或联系的属性，圈中填写属性名
———	无向连接以上三种图形，构成具体概念模型

图 1-7 和图 1-8 都是使用 E-R 图来表示的概念模型。要表示一个学生实体的属性关系，可以画出如图 1-7 所示的 E-R 图。要表示多个实体间的联系关系，可以画出如图 1-8 所示的 E-R 图。

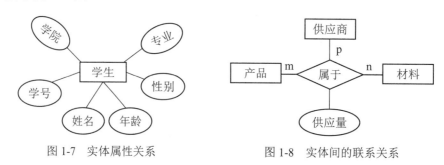

图 1-7　实体属性关系　　　　　　　　　　图 1-8　实体间的联系关系

1.3.2　逻辑模型

扫码看视频

逻辑模型是将概念模型转化为具体的数据模型的过程，即按照概念模型设计阶段建立的基本 E-R 图，按选定的数据库管理系统软件支持的数据模型转换成相应的逻辑模型。这种转换要符合相应数据模型的原则。常用的数据模型有：层次模型、网状模型、关系模型、面向对象模型。由于目前最成熟、最流行就是关系模型（也就是对应的关系数据库），在此我们主要以关系数据模型为例来讲解。E-R 图向逻辑模型的转换是要解决如何将实体和实体间的联系转换为关系，并确定这些关系的属性和码。

这种转换一般按下面的原则进行：

（1）一个实体转换为一个关系，实体的属性就是关系的属性，实体的码就是关系的码。

（2）一个联系也转换为一个关系，联系的属性及联系所连接的实体的码都转换为关系的属性，但是关系的码会根据联系的类型变化，如下所示：

1:1 联系，两端实体的码都成为关系的候选码。

1:n 联系，n 端实体的码成为关系的码。

m:n 联系，两端实体码的组合成为关系的码。

按照以上的转换原则，下面我们以一个学生选课系统 E-R 图为例来演示概念模型向逻辑模型转换的过程。图 1-9 是学生选课系统 E-R 图（图中带下划线的属性为实体的码，转换后为关系的主键，依然用下划线标注）。

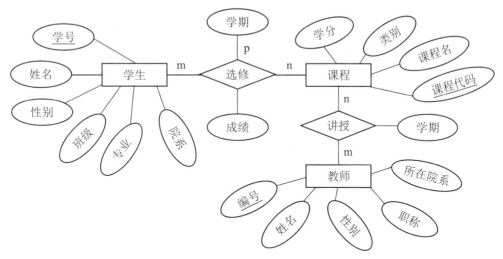

图 1-9　学生选课系统 E-R 图

首先转换 3 个实体为 3 个关系：

学生（学号，姓名，性别，班级，专业，院系）

课程（课程代码，课程名称，类别，学分）

教师（编号，姓名，性别，职称，院系）

带下划线的属性为实体的码，转换后为关系的主键，依然用下划线标识。

再将 2 个联系转换为 2 个关系：

选修（学号，课程代码，学期，成绩）

讲授（编号，课程代码，学期）

这里就是将 m:n 联系的两端实体码组合成为关系的码。以上就是如何将概念数据模型转换成逻辑数据模型。

为了进一步提高数据库应用系统的性能，还应当根据需要结合实际适当调整、修改数据库模型的结构，对数据模型进行优化。关系数据模型的优化是采用规范化理论实现的。将概念模型转换为逻辑模型后，还应当根据用户的局部需要，结合所使用的数据库管理系统软件的特点，设计用户的局部逻辑模型。

1.4　数据库系统结构

数据库系统具有严谨的体系结构，依据美国国家标准学会（ANSI）下属的标准计划与需求委员会于 1975 年公布的数据库标准报告，该报告提出了数据库三级组织结构的概念。数据库系统的三级组织结构是指数据库系统由外模式、模式和内模式三级构成，如图 1-10 所示。

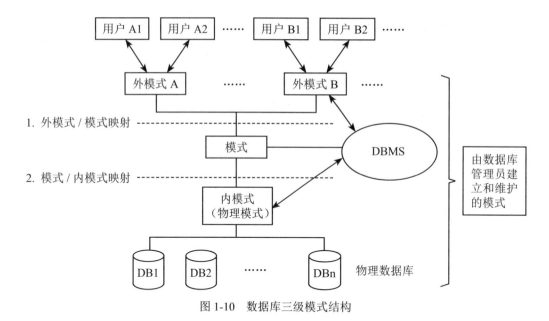

图 1-10　数据库三级模式结构

　　由图 1-10 可以看出，数据库的三级模式主要分为物理结构和逻辑结构两个方面。描述物理结构的称为物理模式（常称为内模式），它直接通过操作系统与硬件联系。一个数据库系统只有一个内模式。

　　描述逻辑结构的称为模式（概念模式、逻辑模式），它是数据库数据结构的完整表示，是所以用户的公共视图。一个数据库系统只有一个模式，它总是以某一种数据模型为基础，统一考虑所有用户的要求，并有机地综合成一个逻辑整体。模式仅仅是对数据模型的描述，不涉及具体数据值。模式反映的是数据的结构及其联系，而实例反映的是数据库某一时刻的状态。例如，学生记录定义为（学号，姓名，性别，班级，专业，院系），这是记录的结构，而（20160101，张三，男，计信 1601，计算机信息管理，计算机学院）则是该记录类型的一个记录值。

　　虽然实际的数据库管理系统产品种类很多，它们支持不同的数据模型，使用不同的数据库语言，建立在不同的操作系统之上，数据的存储结构也各不相同，但在体系结构上通常都具有相同的特征，即采用三级模式结构并提供两级映像功能。

1.4.1　外模式

　　外模式是概念模式的子集，也称子模式或用户模式。外模式是与某一具体应用有关的数据的逻辑结构和特征的描述，是数据库用户（包括应用程序员和最终用户）所看到的数据视图（即所看见的窗体、界面、数据）。

　　一个数据库可以有多个外模式。由于不同的用户在应用需求、看待数据的方式、对数据保密的要求等方面存在差异，其外模式描述也有所差异。即使对模式中同一数据，在外模式中的结构、类型、长度、保密级别等方面都可以不同。另一方面，同一外模式也可以为某一用户的多个应用系统所使用，但一个应用程序只能使用一个外模式。

外模式是保证数据库安全性的一个有力措施，每个用户只能看见和访问所对应的外模式中的数据，数据库中的其余数据不可见。

DBMS 提供子模式描述语言（子模式 DDL）来严格地定义子模式。

1.4.2　概念模式

概念模式简称"模式"，又称数据库模式、逻辑模式，是数据库中全体数据的逻辑结构和特征的描述，是全体用户的公共数据视图。它是数据库系统三级模式结构的中间层，既不涉及数据的物理存储细节和硬件环境，也与具体的应用程序、所使用的应用开发工具及高级程序设计语言无关。

模式实际上是数据库数据在概念级上的视图。一个数据库只有一个概念模式，数据库概念模式以某一种数据模型为基础，统一综合地考虑所有用户的需求，并将这些需求有机地结合成一个逻辑整体。定义模式时不仅要定义数据的逻辑结构，例如，数据记录由哪些数据项构成、数据项的名字、类型、取值范围等，而且要定义数据之间的联系，定义与数据有关的安全性、完整性要求。

DBMS 提供模式描述语言（模式 DDL）来严格地定义模式。

1.4.3　内模式

内模式也称存储模式或物理模式，它是数据库的物理存储结构和存储方式的描述，是数据在数据库内部的表示方式。一个数据库只有一个内模式，在内模式中规定了数据项、记录、键、索引和存取路径等所有数据的物理组织以及优化性能、响应时间和存储空间需求等信息，还规定了记录的位置、块的大小和溢出区等。例如，记录的存储方式是顺序存储、按照 B 树结构存储还是按 hash 方法存储；索引按照什么方式组织；数据是否压缩存储，是否加密；数据的存储记录结构有何规定等等。

内模式是 DBMS 管理的最低层。虽然称其为物理模式，但它不涉及物理记录的形式，如物理块或页、具体设备的柱面与磁道大小等，内部视图仍然不是物理层，是最接近物理存储的数据存储方式，是物理存储设备上存储数据时的物理抽象。

DBMS 提供内模式描述语言（内模式 DDL 或存储模式 DDL）来严格地定义内模式。

1.4.4　两级映射

数据库系统的三级模式是对数据的三个级别的抽象视图的描述，使用户能逻辑地、抽象地处理数据，而不必关心数据在计算机中的具体表示方式与存储方式。为了能够在内部实现这三个抽象层次的联系和转换，数据库管理系统在这三级模式之间提供了两级映射：外模式 / 模式映射和模式 / 内模式映射，正是这两层映射保证了数据库系统中的数据能够具有较高的逻辑独立性和物理独立性。

（1）外模式 / 模式映射

模式描述的是数据的全局逻辑结构，外模式描述的是数据的局部逻辑结构，对应于同一个模式可以有任意多个外模式。对于每一个外模式，数据库系统都有一个外模式 / 模式映射，它存在于外部级和概念级之间，用于定义用户的外模式与模式之间的对应关系。这些映射定义通常包含在各自外模式的描述中。

当模式改变时（如增加新的关系、新的属性、改变属性的数据类型等），由数据库管理员对各个外模式 / 模式的映射作相应改变，可以使外模式保持不变。应用程序是依据数据的外模式编写的，从而应用程序不必修改，保证了数据与程序的逻辑独立性，简称数据的逻辑独立性。

（2）模式 / 内模式映射

数据库中只有一个模式，也只有一个内模式，所以模式 / 内模式映射是唯一的，它定义了数据库全局逻辑结构与存储结构之间的对应关系，该映射定义通常包含在概念模式的定义描述中。

当数据库的内模式存储结构改变了（如选用了另一种存储结构），由数据库管理员对模式 / 内模式映射作相应改变，可以使模式保持不变，从而应用程序也不必改变，保证了数据与程序的物理独立性，简称数据的物理独立性。

在数据库的三级模式结构中，数据库模式即全局逻辑结构是数据库的中心与关键，它独立于数据库的其他层次。因此，设计数据库模式时，应首先确定数据库的逻辑模式。

数据库的内模式依赖于它的全局逻辑结构，但独立于数据库的外模式和具体的存储设备。它是将全局逻辑结构中所定义的数据结构及其联系按照一定的物理存储策略进行组织，以达到较好的时间与空间效率。

数据库的外模式面向具体的应用程序，它定义在逻辑模式之上，但独立于内模式和存储设备。当应用需求发生较大变化，相应外模式不能满足其视图要求时，外模式就需要进行相应地修改，所以设计外模式时应充分考虑到应用的扩充性。不同的应用程序有时可以共用同一个外模式。

数据库的二级映像保证了数据库外模式的稳定性，从底层保证了应用程序的稳定性，除非应用需求本身发生变化，否则应用程序一般不需要修改。

数据库的三级模式与二级映像实现了数据与程序之间的独立性，使数据的定义和描述可以从应用程序中分离出来。另外，由于数据的存取由 DBMS 管理，用户不必考虑存取路径等细节，从而简化了应用程序的编制，大大降低了应用程序的维护和修改成本。

1.5　常用的数据库管理系统

数据库管理系统（Database Management System，DBMS）是一种操纵和管理数据库的大型软件，用于建立、使用和维护数据库。在 1.1.3 节中我们已经对 DBMS 的概念和功能进行了详细的介绍，在此主要介绍目前企业进行数据管理及维护时常用的几款数据库管理系统软件。

（1）传统的小型数据库管理系统

1）Microsoft Access

Microsoft Office Access 是结合了 Microsoft Jet Database Engine 和图形用户界面两项特点，由微软发布的关系数据库管理系统，是 Microsoft Office 的系统程序之一，在包括专业版和更高版本的 office 里面被单独出售。Access 数据库管理系统目前主要用于小型企业的数据库开发与管理，管理数据量相对较小，应用对于程序的响应速度要求不高的应用中。其最大的优点是：简单易学，方便快速开发，非计算机专业的人员也能学会。另外，在开发一些小型桌面应用程序、管理系统、网站应用时，使用 Access 可以快速开发一个用于后台数据存储支持的数据库。

2）Visual FoxPro

Visual FoxPro 简称 VFP，是 Microsoft 公司推出的数据库开发软件，源于美国 Fox Software 公司推出的数据库产品 FoxBase，在 DOS 上运行，与 xBase 系列相容。用 FoxPro 来开发数据库，既简单又方便。目前新版为 Visual FoxPro 9.0，而在学校教学和教育部门考证中还依然延用经典版的 Visual FoxPro 6.0。在桌面型数据库应用中，处理速度快，是日常工作中的得力助手。虽然 Microsoft 公司 2007 年推出最后一个版本 Visual FoxPro 9.0 之后已经停止对该数据库管理系统的更新和升级，但还没有被完全淘汰，目前市场上仍然有许多中小企业及教育管理部门在使用它。Microsoft Visual FoxPro 6.0 关系数据库系统是新一代小型数据库管理系统的杰出代表，它以强大的性能、完整而又丰富的工具、极高的处理速度、友好的界面以及完备的兼容性等特点，备受广大用户的欢迎。

（2）流行的中型数据库管理系统

1）Microsoft SQL Server

Microsoft SQL Server 是 Microsoft 公司推出的关系型数据库管理系统。具有使用方便、伸缩性好、与相关软件集成程度高等优点，是个全面的数据库平台，使用集成的商业智能（BI）工具提供了企业的数据管理。Microsoft SQL Server 数据库引擎为关系型数据和结构化数据提供了更安全可靠的存储功能，使您可以构建和管理用于业务的高可用和高性能的数据应用程序。

2）MySQL

MySQL 是流行的关系型数据库管理系统，特别是在 WEB 应用方面，MySQL 是比较优秀的关系数据库管理系统，由瑞典 MySQL AB 公司开发，目前属于 Oracle 旗下公司。MySQL 所使用的 SQL 语言是用于访问数据库的常用标准化语言，软件采用了双授权政策，分为社区版和商业版，由于其体积小、速度快、总体拥有成本低，尤其是开放源码这一特点，一般中小型网站的开发都选择 MySQL 作为网站数据库。由于其社区版的性能卓越，搭配 PHP、Linux 和 Apache 可组成良好的开发环境，经过多年的 Web 技术发展，这样搭建而成的多种 Web 服务器解决方案在业内被广泛使用，称之为 LAMP。

3）Sybase

Sybase 是典型的 UNIX 或 Windows NT 平台上客户 / 服务器环境下的大型关系型数据库系统。Sybase 提供了一套应用程序编程接口和库，可以与非 Sybase 数据源及服务器集成，允许在多个数据库之间复制数据，适于创建多层应用。系统具有完备的触发器、存储过程、规则以及完整性定义，支持优化查询，具有较好的数据安全性。

（3）大型数据库管理系统

1）Oracle

Oracle 数据库系统是美国 ORACLE 公司（甲骨文）提供的以分布式数据库为核心的一款大型关系数据库管理系统，它在数据库领域一直处于领先地位，是目前最流行的客户 / 服务器（Client/Server）或 B/S 体系结构的数据库之一。Oracle 数据库系统可移植性好、使用方便、功能强，适用于各类大、中、小、微机环境。它是一种高效率、可靠性好的适应高吞吐量的数据库解决方案。

Oracle 数据库是目前世界上使用最为广泛的数据库管理系统，作为一个通用的数据库系统，它具有完整的数据管理功能；作为一个关系数据库，它是一个完备关系的产品；作为分布式数据库，它实现了分布式处理功能。

2）DB2

DB2 是 IBM 出品的一种关系型数据库管理系统，它有多种不同的版本，分别在不同的操作系统平台上服务。DB2 主要应用于大型应用系统，具有较好的可伸缩性，可支持从大型机到单用户环境，应用于 OS/2、Windows 等平台下。IBM 还提供了跨平台的DB2 产品，如包括基于 UNIX 的 Linux，HP-UX，Sun Solaris，以及 SCO Unix Ware；还有用于个人计算机的 OS/2 操作系统，以及微软的 Windows 2000 和其早期的系统。

3）Informix

Informix 是 IBM 公司出品的关系型数据库管理系统。作为一个集成解决方案，它被定位为作为 IBM 在线事务处理（OLTP）旗舰数据服务系统。IBM 对 Informix 和DB2 都有长远的规划，两个数据库产品互相吸取对方的技术优势。

1.6　SQL Server 2012 数据库管理系统

Microsoft SQL Server 2012 是微软公司于 2012 年 3 月发布的新一代数据库平台产品，在原有 SQL Server 数据库技术的基础上全面支持云技术与云平台，并且能够快速构建相应的解决方案，实现私有云与公有云之间数据的扩展与应用的迁移。

1.6.1　概述

微软公司于 2012 年 3 月正式发布最新的 SQL Server 2012 版本。微软此次版本发布的口号是"大数据"，用"大数据"来替代"云"的概念，微软对 SQL Server 2012

的定位是帮助企业处理每年大量的数据（ZB 级别）增长。SQL Server 2012 更加具备可伸缩性、更加可靠，并具有前所未有的高性能；而 Power View 为用户对数据的转换和勘探提供强大的交互操作能力，并协助做出正确的决策。

SQL Server 2012 包含企业版（Enterprise）、标准版（Standard），另外新增了商业智能版（Business Intelligence）。微软表示，SQL Server 2012 发布时还将包括 Web 版、开发者版本以及精简版。SQL Server 2012 同以前的 SQL Server 版本相比主要关注以下三个方面的应用和改进。

（1）性能：改进了核心支持、列存储索引、更强的压缩能力和 AlwaysOn 等功能。

（2）自助服务：借助于新的数据探索工具（如 Power View），SQL Azure Bussiness Intellingence（BI）、数据质量和主数据选项，以及 PowerPivot for SharePoint 的改进，使用户在任何时候任何地方都可以访问数据，能更快速地查询和交付智能信息。

（3）集成和协作：SharePoint 2010 中集成了报表服务，PowerPivot 和生命验证，这使得在 SQL Server 2012 版本中对于自助服务的侧重提供了坚实基础。

1.6.2　SQL Server 2012 的新特点

全新一代 SQL Server 2012 为用户带来更多全新体验，独特的产品优势定能使用户更加获益良多。企业版是全功能版本，其他两个版本分别面向工作组和中小企业，所支持的机器规模和扩展数据库功能都不一样，价格方面是根据处理器核心数量而定。

（1）AlwaysOn 可用性能组

这项新功能将数据库镜像故障转移提升到全新的高度，利用 AlwaysOn，用户可以将多个组进行故障转移，而不是以往的只是针对单独的数据库。此外，副本是可读的，并可用于数据库备份。更大的优势是 SQL Server 2012 简化 HA 和 DR 的需求。

（2）Windows Server Core 支持

在 Windows Server 产品中你可以像 Ubuntu Server 一样只安装核心（意味着你的系统不具备 GUI）。这么做所带来的优势是减少硬件的性能开销（至少 50% 的内存和硬盘使用率）。同时安全性也得到提升（比图形版更少的漏洞）。从 SQL Server 2012 开始将对只安装核心的 Windows Server 系统提供支持。

（3）列存储索引

这是新增的一个具有优势的功能，是 SQL Server 之前版本都不具备的。特殊类型的只读索引专为数据仓库查询设计。数据进行分组并存储在平面的压缩的列索引。在大规模的查询情况下可极大地减少 I/O 和内存利用率。

（4）用户定义的服务角色

DBA 已经具备了创建自定义数据库角色的能力，但在服务器中却不能。例如 DBA 想在共享服务器上为开发团队创建每个数据库的读写权限访问，传统的途径是手动配置或使用没有经过认证的程序，显然这不是良好的解决方案。而在 SQL Server 2012 中，DBA 可以在服务器上创建具备所有数据库读写权限以及任何自定义范围角色的能力。

（5）增强的审计功能

现今所有的 SQL Server 版本都具备审计功能，用户还可以自定义审计策略，以及向审计日志中写入自定义事件。而在 SQL Server 2012 中提供过滤功能，同时大幅提高灵活性。

（6）BI 语义模型

BI 语义模型（BI Semantic Mode）代替了 ASUDM（Analysis Services Unified Dimensional Model）。BI Semantic Model 这种混合的模式允许数据模型支持所有 SQL Server BI 实践，此外还允许一些整洁的文本信息图表。

（7）序列对象

对于使用 Oracle 的人说，这是他们长期希望拥有的功能。序列仅仅是计数器的对象，一个好的方案是在基于触发器表使用增量值。SQL 一直具有类似功能，但现在显然与以往不同。

（8）增强的 PowerShell 支持

Windows 和 SQL Server 管理员现在就要开始提高他们 PowerShell 的脚本技能了。Microsoft 为了推动其服务器产品上 PowerShell 的发展做出了很大的努力。在 SQL Server 2008 中 DBA 已经有所体会，在 SQL Server 2012 中增加了更多的 cmdlet。

（9）分布式重现

Oracle 已经拥有类似的功能（Real Application Testing），但单独购买会非常昂贵，而 SQL Server 2012 则包括了 Distributed Replay。

Distributed Replay 功能可让管理员记录服务器上的工作负载，并在其他服务器上重现。这种在底层架构上的变化支持包还支持在生产测试环境下对硬件的更改。

（10）源视图

SQL Server 2012 提供相当强大的自服务 BI 工具包，允许用户创建企业级的 BI 报告。

（11）SQL 云增强功能

虽然这与 Microsoft 释放出的 SQL Server 2012 并无直接联系，但 Microsoft 正在对 SQL 云做关键的改进。Azure（云计算）现已具备 Reporting Services 以及备份 Azure 数据存储的能力，这是个不小的进步。Azure 现在允许最大 150GB 的数据库。同时 Azure 数据同步可更好适应混合模型和云中部署的解决方案。

（12）支持大数据

在去年的 PASS（Professional Association for SQL Server）峰会上，Microsoft 宣布与 Hadoop 供应商 Hortonworks 合作，并计划发布 Linux 版本的 Microsoft SQL Server ODBC 驱动程序。同时 Microsoft 也在构建 Hadoop 连接器，Microsoft 表示，随着新连接工具的出现，客户将能够在 Hadoop、SQL Server 和并行数据转换环境下相互交换数据。Microsoft 已经在大数据领域表明了自己的立场。

1.6.3 SQL Server 2012 的安装

可以先到微软官方网站下载 Microsoft SQL Server 2012，下载成

扫码看视频

功后点击安装程序，启动安装。Windows 7 以上版本建议使用管理员账号安装。

步骤一：点击安装后显示如图 1-11 所示的界面，选择"全新 SQL Server 独立安装"。

图 1-11　选择安装方式

步骤二：选择"我接受许可条款"，单击"下一步"按钮，如图 1-12 所示。

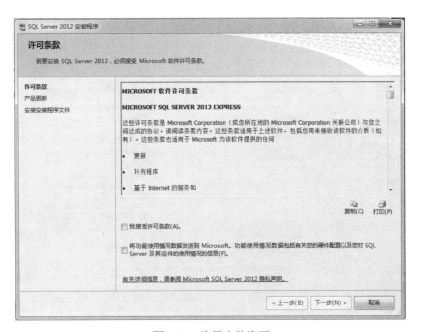

图 1-12　选择安装许可

步骤三：进入安装程序文件界面，等待下载安装文件完成后，单击"安装"按钮，开始安装，如图 1-13 所示。

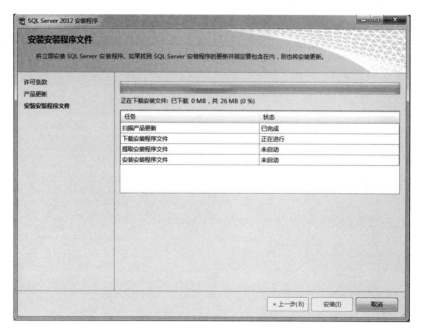

图 1-13 下载安装程序文件

步骤四：选择需要安装的功能，如图 1-14 所示。需要什么功能要依据自己的应用需要，也可以全选。

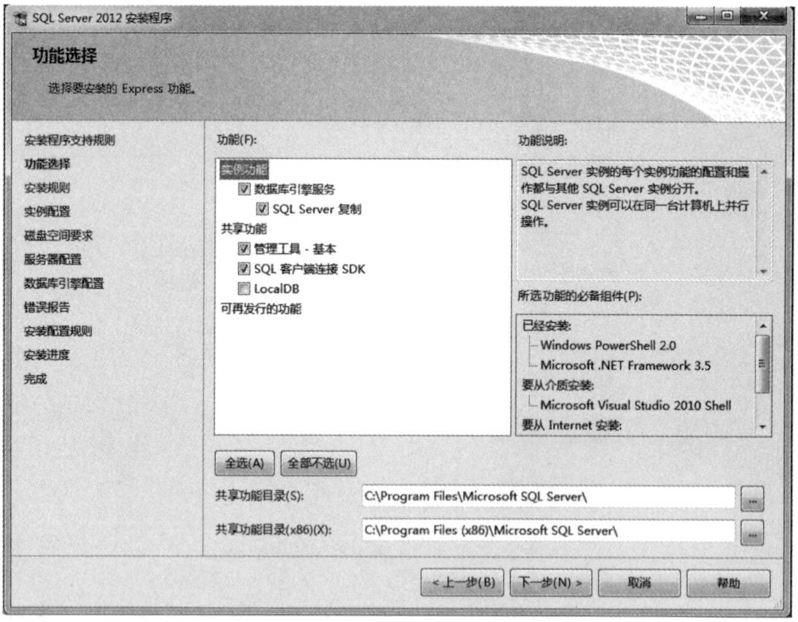

图 1-14　选择安装功能

步骤五：安装实例配置，设置实例名，这里默认的是 **SQLExpress**，设置实例安装的根目录，如图 1-15 所示。

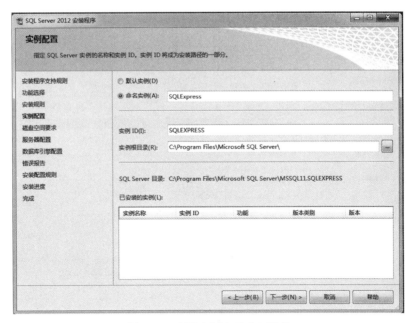

图 1-15　配置实例名及实例目录

步骤六：配置 SQL 服务器及设置身份验证模式，共有两种验证模式。这里选择的是"Windows 身份验证模式"，输入 SQL 系统管理员登录密码及确认密码。单击"下一步"按钮进入安装过程，如图 1-16 所示，之后等待安装完成。

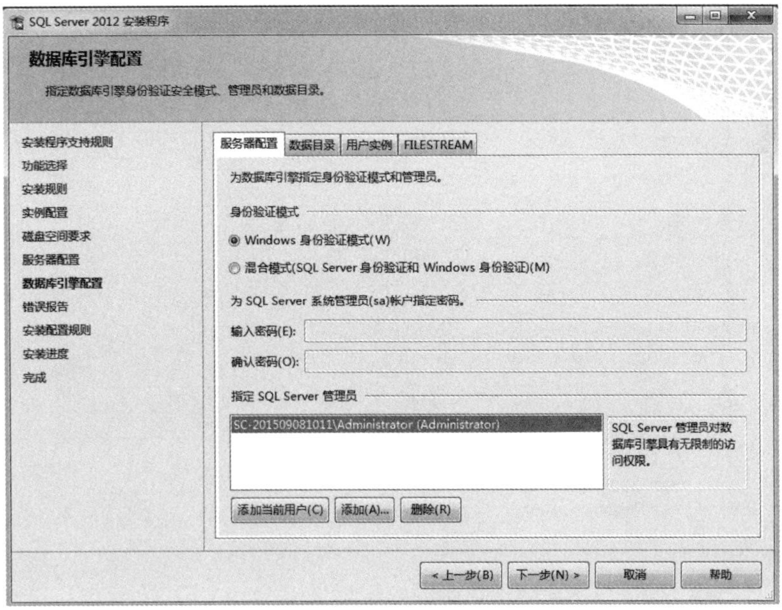

图 1-16　数据库服务器配置

步骤七：完成安装后的界面，前面所选择的安装功能均显示成功安装，如图 1-17 所示。

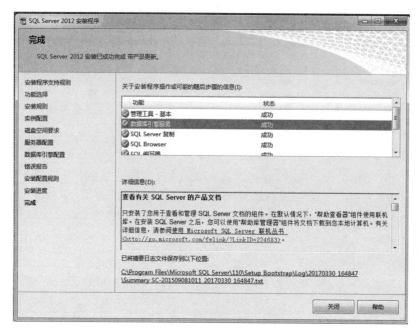

图 1-17　完成安装

步骤八：安装成功后，测试 SQL Server 2012 服务器能否正常启动，点击"连接"按钮，如果能正常启动，说明安装成功，启动界面如图 1-18 所示。

图 1-18　启动 SQL Server 2012 服务器

1.6.4　SQL Server 2012 的常用工具

SQL Server 2012 的常用工具主要包括以下六大主要组件部分：

（1）SQL Server 数据库引擎

SQL Server 数据库引擎包括数据库引擎（用于存储、处理和保护数据的核心服务）、复制、全文搜索、用于管理关系数据和 XML 数据的工具以及 Data Quality Services（DQS）服务器等。

（2）分析服务工具

Analysis Services 包括用于创建和管理联机分析处理（OLAP）以及数据挖掘应用程序的工具。

（3）报表服务工具

Reporting Services 包括用于创建、管理和部署表格报表、矩阵报表、图形报表以及自由格式报表的服务器和客户端组件。Reporting Services 还是一个可用于开发报表应用程序的可扩展平台工具。

（4）集成服务工具

Integration Services 是一组图形工具和可编程对象，用于移动、复制和转换数据。它还包括 Integration Services 的 Data Quality Services（DQS）组件。

（5）主数据服务工具

Master Data Services（MDS）是针对主数据管理的 SQL Server 解决方案，可以配置 MDS 来管理任何领域（产品、客户、账户）。MDS 中可包括层次结构、各种级别的安全性、事务、数据版本控制和业务规则，以及可用于管理数据的用于 Excel 的外接程序。

（6）管理工具

SQL Server Management Studio 是用于访问、配置、管理和开发 SQL Server 组件的集成环境。SQL Server Management Studio 使各种技术水平的开发人员和管理员都能使用 SQL Server。它主要由以下几个主要功能部分构成：SQL Server 配置管理器、SQL Server Profiler、数据库引擎优化顾问、数据质量客户端、SQL Server Data Tools 和连接组件。

 本章小结

　　本章主要讲解了信息、数据、数据库及数据库系统的基本概念，简单介绍了人类由数据管理向数据库管理的演变和发展过程，重点讲解了数据模型、概念模型、逻辑模型、物理模型的相关概念，以及数据库系统的三级模式和两次映射的体系结构，最后介绍了目前常用数据库系统的类型、SQL Server 2012 数据库管理系统的特点及安装步骤和方法。

练习一

　　1. 简述信息与数据的关系。

2．简述什么是数据库 DB。

3．简述数据库管理系统 DBMS 的功能。

4．简述数据库系统 DBS 的组成部分。

5．简述数据库系统的"三级模式，两次映射"体系结构。

第2章

关系型数据库的理论基础

　　本章内容主要是关系模型的概念，关系完整性和建立规范关系。关系完整性是为了使数据库的正确性和相容性满足关系完整性约束条件。建立规范关系是为了用关系模式消除不合适的依赖，使得每个关系中只包含一个实体的数据，并指出关系模式中的候选码，判断关系模式是第几范式，规范为第三范式。

2.1　关系模型概述

关系型数据库是高级数据库模型，在企业级系统数据库中使用非常广泛，容易理解，使用方便，易于维护。关系型数据库是数据库开发的基础，是采用关系模型来组织数据的数据库。关系模型是在 1970 年由美国 IBM 公司 San Jose 研究室的研究员 E. F. Codd 博士首先提出，开创了数据库的关系方法和关系数据理论的研究基础，关系模型的概念在此之后得到了充分的发展研究，计算机厂商的数据库管理系统都支持关系模型，它已成为数据库架构的主流模型。

1. 关系模型

关系模型也称为数据模型，使用关系的二维表结构来表示数据的逻辑概念，关系模型相对网状、层次、半结构化等其他模型更容易理解，通用的 SQL 语言使得操作关系型数据库非常方便，程序员和数据库管理员均可在逻辑层面操作数据库，不用完全理解底层实现。常见的流行的大型关系型数据库有 SQL Server、MySQL、IBM DB2、Oracle、SyBase、Informix 等。

关系型数据库由二维表及其之间的联系组成一个数据组织，数据的完整性大大降低了数据库的冗余和数据不一致的概率。数据库完整性包括实体完整性、参照完整性和用户自定义完整性。关系型数据库包含的组件有：客户端应用程序（Client）、数据库服务器（Server）和数据库（Database）。结构化查询语言（Structured Query Language，SQL）是客户端和数据库服务器端的桥梁，客户端用 SQL 语言向服务器端发送请求，服务器端返回客户端要求的结果。

关系型数据库以行和列的形式存储数据，一系列的行和列被称为表，一组表就组成了数据库。二维表的行称为记录或元组，列以属性开头，每个属性都有记录的一个分类与之对应。用户用查询（Query）来检索数据库中的数据，一个查询（Query）就是一个用于指定数据表（Table）中行和列的查询语句。

2. 关系模型的相关概念

以图书馆管理系统中的读者信息表建立二维表，对应的关系模型如图 2-1 所示。

扫码看视频

在读者信息表的关系模型中可以看出，常见的关系模型的概念有关系、表、元组、属性、域、记录、关键字和关系模式等。

关系：通常用一张二维表表示，包括记录（行）、属性（列）和关系。每个关系都有一个关系名，即表名。

表：一个表就是一个关系，包括行和列。

元组：也称为记录，表示二维表中的一行。

属性：二维表中的一列，即一个属性。一个表中不能包括两个同名属性，可以有多个属性列。属性在数据库中经常被称为字段。

图 2-1　读者信息表的关系模型

域：属性的取值范围，这个范围称为属性的域。

记录：二维表中的一行，即一条记录。一个记录对应概念模型中的一个实体的所有属性值的总称。由若干个记录组成一个具体的关系，一个关系中不允许有两个完全相同的记录。

关键字：一个可以唯一标识元组的属性。关键字在数据库中被称为主键，由一个或多个列组成。

关系模式：是指对关系的描述，格式为"关系名（属性 1，属性 2，…，属性 N）"。关系模式在数据库中被称为表结构。

3．关系模型的组成

关系模型的组成包括关系数据结构，关系数据模型的操作，以及数据完整性约束三部分组成。在数据库领域中是以关系方法为主流研究和学习方法。

关系数据结构，在关系模型中，数据结构单一，主要用来模拟现实世界中的实体以及实体之间的各种联系。从用户的角度来看，关系模型中的数据逻辑结构就是一张二维数据表。

关系数据模型的操作包括查询（QUERY）操作、增加（INSERT）操作、删除（DELETE）操作和修改（UPDATE）操作。其中查询操作包含选择（SELECT）、投影（PROJECT）、连接（JOIN）、除（DIVIDE）、并（UNION）、交（INTERSECTION）、差（DIFFERENCE）等。

关系模型中的数据库完整性约束包括实体完整性、参照完整性和用户自定义的完整性。为了防止不符合规范的数据进入数据库，在用户对数据进行插入、修改、删除等操作时，关系数据库系统自动按照一定的约束条件对数据进行监测，让不符合规范的数据不能进入数据库，确保数据库中存储的数据正确、有效和相容。

2.2　关系代数

关系代数，是将关系数据模型中的查询操作用关系运算来表示。早期的关系操作通常也会用关系代数或关系演算的逻辑方式来表示。关系演算，是将关系数据模型中的查询用谓语来表示。在数理逻辑中，个体是关系的定义域里的元素，个体之间的联系就是关系，也称为谓语。在谓语逻辑中，用来表示特定的个体称为个体常元，用来表示未知或泛指的个体的标识符称为个体变元。谓语变元的基本对象有可能是域变量或记录变量，通常会分为元组关系演算和域关系演算。关系数据模型的操作可以用关系代数、元组关系演算和域关系演算来表示，这些关系演变都是抽象的查询语句，与数据库管理系统中实际使用的 SQL 查询语言并不完全一样，但他们在表达方式上是等价的，本教材主要介绍关系代数。

关系代数是一种抽象的查询语言，用关系运算来表达查询，运算的对象和结果都是关系。按照运算符的不同，关系代数分为两类，即传统的关系运算和专门的关系运算。

2.2.1 传统的关系运算

传统的关系运算也称为传统的集合运算，因为参与运算和得到的结果都是集合。传统的关系运算包括并（Union）、差（Difference）、交（Intersection）和广义笛卡尔积（Extended cartesian product）四种运算，这都是二目运算。后面介绍这四种传统的关系运算是在假设关系 R 和关系 S 具有相同的目 n（即两个关系都有 n 个属性），而且这些属性取自同一个域。

1．并（Union）

设有两个关系 R 和关系 S，具有相同的结构，他们的并是两个关系的属性组成的集合，即由属于 R 和 S 的元组组成的集合，运算符为∪。记作：

$$T = R \cup S = \{t \mid t \in R \vee t \in S\}$$

关系 R 和关系 S 的并的运算结果如图 2-2 所示。

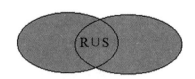

图 2-2　关系 R 和关系 S 的并的运算结果

例 2-1　已知关系 R 和关系 S 具有相同结构的属性，且属性取自同一个域，如表 2-1 和表 2-2 所示，请求出他们的并。

表 2-1　关系 R

A	B	C
98	135	24
17	30	56
12	31	48
85	89	69

表 2-2　关系 S

A	B	C
108	35	44
12	31	48
78	99	89

关系 R 和关系 S 的并如表 2-3 所示。

表 2-3　R∪S

A	B	C
98	135	24
17	30	56
12	31	48
85	89	69
108	35	44
78	99	89

2. 差（Difference）

设有两个关系 R 和关系 S，具有相同的结构，他们的差是由属于 R 但是不属于 S 的属性组成的集合，即由属于 R 但不属于 S 的元组组成的集合，运算符为 −。记作：

$$T = R - S = \{t \mid t \in R \wedge t \notin S\}$$

关系 R 和关系 S 的差的运算结果如图 2-3 所示。

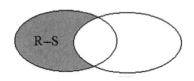

图 2-3　关系 R 和关系 S 的差的运算结果

例 2-2　已知关系 R 和关系 S 具有相同结构的属性，且属性取自同一个域，如表 2-4 和表 2-5 所示，请求出他们的差。

表 2-4　关系 R

A	B	C
18	15	4
27	36	35
21	56	87
31	32	36

表 2-5　关系 S

A	B	C
8	15	11
11	14	17
21	56	87

关系 R 和关系 S 的差如表 2-6 所示。

表 2-6　R—S

A	B	C
18	15	4
27	36	35
31	32	36

3. 交（Intersection）

设有两个关系 R 和关系 S，具有相同的结构，他们的交是由属于 R 又属于 S 的属性组成的集合，即由属于 R 又属于 S 的元组组成的集合，运算符为∩。记作：

$$T = R \cap S = \{t = | t \in R \wedge t \in S\}$$

交运算可以通过差运算来重写，$T = R \cap S = R - (R - S)$。

关系 R 和关系 S 的交的运算结果如图 2-4 所示。

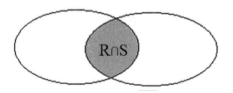

图 2-4　关系 R 和关系 S 的交的运算结果

例 2-3　已知关系 R 和关系 S 具有相同结构的属性，且属性取自同一个域，如表 2-7 和表 2-8 所示，请求出他们的交。

表 2-7　关系 R

A	B	C
38	27	90
46	35	78
21	29	32
31	26	36

关系 R 和关系 S 的交如表 2-9 所示。

表 2-8　关系 S

A	B	C
31	26	36
9	16	18
90	89	75

表 2-9　R ∩ S

A	B	C
31	26	36

4. 广义笛卡尔积（Extended cartesian product）

结构分别为 m 目和 n 目的关系 R 和关系 S 的广义笛卡尔积是一个（m+n）列的元组的集合，元组的前 m 目（即 m 列）是关系 R 的一个元组（即一个记录），元组的后 n 目（即 n 列）是关系 S 的一个元组（即一个记录）。如果关系 R 有 k1 个元组（即记录），关系 S 有 k2 个元组（即记录），那么关系 R 和关系 S 的广义笛卡尔积有 k1×k2 个元组（即记录）。运算符为 ×，记作：

$$T = R \times S = \{t | t = <t_r, t_s> \wedge t_r \in R \wedge t_s \in S\}$$

例 2-4　已知关系 R 和关系 S 具有相同结构的属性，并且属性都取自同一个域，如表 2-10 和表 2-11 所示，请求出他们的广义笛卡尔积。

表 2-10　关系 R

A	B
A1	B2
A5	B8

表 2-11　关系 S

C	D	E
C1	D6	E8
C9	D6	E3
C2	D9	E5

关系 R 和关系 S 的广义笛卡尔积如表 2-12 所示。

表 2-12　R × S

A	B	C	D	E
A1	B2	C1	D6	E8
A1	B2	C9	D6	E3
A1	B2	C2	D9	E5

续表

A	B	C	D	E
A5	B8	C1	D6	E8
A5	B8	C9	D6	E3
A5	B8	C2	D9	E5

2.2.2 专门的关系运算

专门的关系运算包括选择（Selection）、投影（Projection）、连接（Join）和除（Division）等。

1. 选择（Selection）

选择是从一个关系中选出满足给定条件的记录的操作，又称为限制（Restriction）。假设在关系 R 中选择满足条件的属性，记作：

$$\sigma_F(R) = \{t \mid t \in R \wedge F(t) = '真'\}$$

其中，σ 是选择运算符；F 表示选择条件，它是一个逻辑表达式，取逻辑值"真"或逻辑值"假"，满足条件，即选中。选择运算实际上是从关系 R 中选取逻辑表达式 F 为"真"的元组或属性，选择运算是从行的角度进行的运算。

逻辑表达式 F 的基本形式为：

$$X1\theta Y1[\varphi X2\theta Y2]$$

其中，θ 表示比较运算符，可以是 >、≥、<、≤、= 或 ≠ 等运算符。X1、Y1、X2、Y2 等是属性名，或常量，或简单函数。φ 表示逻辑运算符，可以是 ¬（非）、∧（与）、或 ∨（或）。[]（中括号）表示选项，中括号中的选项可以有，也可以没有。

扫码看视频

例 2-5 从读者信息表 Readers 中查询读者类型 ReaderType 为学生的记录。

采用选择关系运算表达式为：

$$\sigma_{ReaderType="学生"}(Readers)$$

对应的 SQL 查询脚本为：

select * from Readers where ReaderType=' 学生 '

扫码看视频

例 2-6 已知关系 R 如表 2-13 所示，请用选择关系运算找出 A<31 和 C=35 的结果。

表 2-13 关系 R

A	B	C
17	4	35
27	32	35
22	56	90
31	32	40

采用选择关系运算表达式为：

$$\sigma_{A<31 \wedge C=35}(R)$$

对应的 SQL 查询脚本为：

Select * from R where A<31 and C=35

选择关系运算的结果如表 2-14 所示。

表 2-14　$\sigma_{A<31 \wedge C=35}$（R）

A	B	C
17	4	35
27	32	35

2．投影（Projection）

投影是从一个关系中选择出若干指定属性的记录的操作。设在关系 R 上的投影是从 R 中选择出若干满足条件的属性列组成的新关系，记作：

$$\Pi_A(R) = \{t[A] \,|\, t \in R\}$$

其中，A 为关系 R 的属性列表，各个属性之间用逗号分隔开。投影关系运算时从列的角度进行运算，与选择关系运算不同。投影关系运算的结果可能比原有关系属性少一些，也可能改变原有关系中的属性的顺序或属性名称，如果有重复的记录将自动去掉。

例 2-7　从读者信息表 Readers 中查询读者姓名 ReaderName 和电话 Telephone。

扫码看视频

采用投影关系运算表达式为：

$$\Pi_{ReaderName,Telephone}(Readers)$$

对应的 SQL 查询脚本为：

Select ReaderName,Telephone from Readers

例 2-8　已知关系 R 如表 2-15 所示，请用投影关系运算找出属性 A 和 C 的结果。

表 2-15　关系 R

A	B	C
17	4	35
17	32	35
22	56	90
31	32	40

采用选择关系运算表达式为：

$$\Pi_{A,C}(R)$$

对应的 SQL 查询脚本为：

Select A,C from R

投影关系运算的结果如表 2-16 所示。

表 2-16 $\prod_{A,C}(R)$

A	C
17	35
22	90
31	40

3. 连接（Join）

连接关系运算是从两个关系的笛卡尔积中按照一定条件选择属性间满足的记录的操作。连接关系运算有自然连接（Natural join）和等值连接（equi-join）。最常用的连接关系运算是自然连接，将两个关系中公共字段值相等的记录连接起来，产生的新关系中不包含重复属性，重复列也会删掉，是从关系中行和列的角度来进行运算，这一点与选择关系运算和投影关系运算不同。

连接关系运算是从两个已知关系 R 和关系 S 的笛卡尔积 R×S 中，根据给定条件，选择满足比较关系 θ 的记录，也称为 θ 连接。记作：

$$(R)^\infty_{A\theta B}(S) = \{t_r{}^\cap t_s \mid t_r \in R \land t_s \in S \land t_r[A]\theta t_s[B]\}$$

其中 A 和 B 分别为关系 R 和关系 S 上度数相等且可比的属性组。θ 是比较运算符。

连接关系运算又可理解为是从关系 R 和关系 S 的笛卡尔积 R×S 中选取关系 R 在 A 属性组上的值与关系 S 在 B 属性组上满足比较关系 θ 的元组。记作：

$$(R)^\infty_{A\theta B}(S) = \sigma_{r[A]\theta r[B]}(R \times S)$$

等值连接是比较运算符 θ 为"＝"的连接运算。从关系 R 与关系 S 的笛卡尔积中选取满足等值条件的记录。等值连接记作：

$$(R)^\infty_{A=B}(S) = \{t_r{}^\cap t_s \mid t_r \in R \land t_s \in S \land t_r[A] = t_s[B]\}$$

例 2-9 设有读者信息表 Readers（rid, name, sex, readertype, telephone, email, createdate, borrownumber）、图书信息表 Books（bookcode, bookname, booktype, author, pubname, price, page, bcase, storage, intime, borrownum）、图书借还表 BorrowAndBack（bbid, rid, bookcode, borrowtime, backtime, inbacktime, isback），对这三个表做自然连接，得到读者的借阅情况。

扫码看视频

采用连接运算表达式为：

$$Readers \infty Books \infty BorrowAndBack$$

对应的 SQL 查询脚本为：

```
Select Readers.rid, Readers.name, BorrowAndBack.bbid, Books.bookname from
Readers,Books,BorrowAndBack where Readers.rid=BorrowAndBack.rid and Books.bookcode
=BorrowAndBack.bookcode
```

例 2-10 已知关系 R 和关系 S 如表 2-17 和表 2-18 所示，请用连接关系运算找出属性 B 大于属性 E 的结果。

采用连接关系运算表达式为：

$$(R)^\infty_{B>E}(S)$$

表 2-17 关系 R

A	B	C
24	18	25
137	332	335
225	156	390
310	382	400

表 2-18 关系 S

D	E	F
7	74	39
18	22	55
24	86	90
35	42	60

对应的 SQL 查询脚本为：

Select * from R,S where B>E

关系 R 和关系 S 的笛卡尔积的结果如表 2-19 所示。

表 2-19 R×S

A	B	C	D	E	F
24	18	25	7	74	39
24	18	25	18	22	55
24	18	25	24	86	90
24	18	25	35	42	60
137	332	335	7	74	39
137	332	335	18	22	55
137	332	335	24	86	90
137	332	335	35	42	60
225	156	390	7	74	39
225	156	390	18	22	55
225	156	390	24	86	90
225	156	390	35	42	60
310	382	400	7	74	39
310	382	400	18	22	55
310	382	400	24	86	90
310	382	400	35	42	60

连接关系运算的结果如表 2-20 所示。

表 2-20　$(R)\underset{B>E}{\overset{\infty}{}}(S)$

A	B	C	D	E	F
137	332	335	7	74	39
137	332	335	18	22	55
137	332	335	24	86	90
137	332	335	35	42	60
225	156	390	7	74	39
225	156	390	18	22	55
225	156	390	24	86	90
225	156	390	35	42	60
310	382	400	7	74	39
310	382	400	18	22	55
310	382	400	24	86	90
310	382	400	35	42	60

4. 除（Division）

在关系代数中，除运算可以理解为笛卡尔积的逆运算。设有关系 R（X，Y）和 S（Y，Z），其中 X、Y、Z 是单个属性或属性集，关系 R 中的 Y 可以与关系 S 中的 Y 具有不同的属性名，但必须具有相同的域集。关系 R 与关系 S 的除运算得到一个新的关系 P（X），P 是关系 R 中满足下列条件的元组在 X 属性列上的投影，元组在 X 上分量值 X 的象集 Y_X 包含 S 在 Y 上投影的集合。它们的除运算结果记作：

$$R \div S = \{t_r[X] | t_r \in R \wedge \prod_Y(S) \subseteq Y_x\}$$

其中，Y_X 为 X 在 R 中的象集，$X = t_r[X]$。除运算是同时从行和列的角度进行运算的。也可记作：

$$R \div S = \prod_X(R) - \prod_X(\prod_X(R) \times \prod_Y(S) - R)$$

R÷S 运算规则：如果 $\prod(R)$ 中能找到某一行 u，使得这一行和关系 S 的笛卡尔积包含在 R 中，则 R÷S 中有 u。

例 2-11　设有图书借还表 BorrowAndBack（bbid, rid, bookcode, borrowtime, backtime, inbacktime, isback）和图书信息表 Books（bookcode, bookname, booktype, author, pubname, price, page, bcase, storage, intime, borrownum），对这两个表做除运算，得到被借阅了的图书名称。

扫码看视频

采用除运算表达式为：

BorrowAndBack÷Books

对应的 SQL 查询脚本为：

Select Books.bookname from Books,BorrowAndBack where Books.bookcode = BorrowAndBack. bookcode

例 2-12 设关系 R 和关系 S 如表 2-21 和表 2-22 所示，求 R÷S。

表 2-21 关系 R

A	B	C
A	B	C
A	B	A
B	C	A
A	C	A

表 2-22 关系 S

C
C
A

根据除运算法则，第一步先计算 $\Pi_{AB}(R)$，得到结果如表 2-23 所示。

表 2-23 $\Pi_{AB}(R)$

A	B
A	B
B	C
A	C

第二步计算 $\Pi_{AB}(R)\times\Pi_{BC}(S)$，得到结果如表 2-24 所示。

表 2-24 $\Pi_{AB}(R)\times\Pi_{BC}(S)$

A	B	C
A	B	C
A	B	A
B	C	C
B	C	A
A	C	C
A	C	A

第三步计算 $\Pi_{AB}(R)\times\Pi_{BC}(S)-R$，得到结果如表 2-25 所示。

第四步计算 $\Pi_{AB}(\Pi_{AB}(R)\times\Pi_{BC}(S)-R)$，得到结果如表 2-26 所示。

第五步计算 $R÷S=\Pi_{AB}(R)-\Pi_{AB}(\Pi_{AB}(R)\times\Pi_{BC}(S)-R)$，得到结果如表 2-27 所示。

表 2-25 $\Pi_{AB}(R)\times\Pi_{BC}(S)-R$

A	B	C
B	C	C
A	C	C

表 2-26 $\Pi_{AB}(\Pi_{AB}(R)\times\Pi_{BC}(S)-R)$

A	B
B	C
A	C

表 2-27 $R \div S$

A	B
A	B

2.3 关系的完整性

扫码看视频

  数据库的完整性是由各种各样的完整性约束来保证数据库中数据的准确性和相容性，数据库完整性即数据库约束。数据库完整性主要体现在以下多个方面：一是数据库完整性约束能够防止合法用户向数据库中增加不合法的数据；二是利用基于数据库管理系统（Database Management System，DBMS）的完整性控制机制来实现业务规则，提高应用程序的运行效率；三是合理设计数据库的完整性能兼顾数据库的完整性和系统的效能；四是在应用软件的功能测试中，完善的数据库完整性有助于尽早发现应用软件的不准确性。

  基于 DBMS 的数据库完整性分为三个阶段。第一阶段是分析阶段，经过系统分析确定系统中应包含的对象和业务规则。第二阶段是概念结构设计阶段，将分析阶段的实体关系转化成实体完整性约束和参照完整性约束。第三阶段是逻辑结构设计阶段，将概念结构转换成某个 DBMS 所支持的数据模型并优化。

2.3.1 关系完整性概述

  对于数据库完整性设计原则，在进行数据库完整性设计的时候，需要把握以下原则：根据数据库完整性约束类型确定系统实现的层次和方式；实体完整性约束、参照完整性约束是关系数据库中最重要的完整性约束，在不影响关键性能的前提下尽可能使用；触发器开销太大，尽可能不用；制定完整性约束命名规范，尽量用有意义的单词识别和记忆；根据业务规则对数据库完整性进行细致的测试，尽早排除完整性约束间的冲突对性能的影响；要有专职的数据库设计小组负责数据库的分析、设计、测试、实施和维护；应采用合适的 CASE 工具来降低数据库设计各个阶段的工作量。

关系完整性是数据库设计阶段的重中之重，是为了保证数据的正确性和相容性，不管用 SQL Server 或是 MySQL 等关系型数据库实现，都需要遵守关系完整性规则。

关系完整性包括实体完整性、参照完整性和用户自定义完整性。实体完整性和参照完整性是由关系数据库系统自动支持的。

2.3.2　实体完整性

实体完整性简单地说，就是指关系的主键不能为空。这是数据库完整性的最基本要求，如果主键为空，则数据的唯一性就不能保障了。在现实生活中每个实体都具有唯一性，即使是两台一模一样的手机，也有相应的唯一标识码来实现它们的唯一性，这个唯一标识码就对应到关系模型中的主键，不能为空值，如果为空值，那么这个实体不可区分，与现实环境矛盾，这个实体一定不是完整的实体。

我们在设计数据表时，为了区分每条记录，通常会在每条记录前设置一个 ID，每个 ID 都是唯一的，满足了实体完整性规则。表中定义的 UNIQUE PRIMARYKEY 和 IDENTITY 约束就是实体完整性的体现。

例 2-13　设有学生表 Student（ID，Name，Age，Sex，Class，Department），学生表信息如表 2-28 所示。请描述本例中实体完整性如何体现的。

表 2-28　学生表 Student

ID	Name	Age	Sex	Class	Department
20170001	张一峰	18	男	物联网 1701	计算机
20170002	李珊	17	女	物联网 1702	计算机
20170003	王语嫣	18	女	物联网 1701	计算机
20170004	字桐非	19	男	物联网 1702	计算机

在例 2-13 中，学生表中每条记录前设置了一个 ID 字段，每条记录中 ID 字段的值都是唯一的，字段 ID 是学生表中的主键，不存在 ID 为空值的记录，也不存在 ID 值相同的记录。本学生表在设计时体现了实体完整性约束。

2.3.3　参照完整性

参照完整性是指外键不为空值，不允许关系中引用不存在的元组或记录，用于约定两个关系之间的联系。如果关系 R1 的外键和关系 R2 中的主键相对应，那么外键的每个值必须在关系 R2 中主键的值中可以找到对应的记录或者是空值。

在对某个表中的数据做更新、删除或插入操作时，可以通过参照引用相互关联的另一表中的数据，来检查当前的数据操作是否正确，不正确就拒绝操作并报错。

例 2-14　有两张表，一张角色表 Role，一张用户表 User，角色表和用户表信息如

表 2-29 和表 2-30 所示。请描述本例中参照完整性是如何体现的。

表 2-29　角色表 Role

RoleID	RoleName	Remarks
1	管理员	
2	用户	
3	游客	

表 2-30　用户表 User

UserID	UserName	Password	RoleID
10001	Admin	admin	1
10002	Abc	abc	2
10003	123	123	3
10004	Yhf	yhf	2

本例中，用户表中每个字段 RoleID 的值都可以在角色表中 RoleID 字段中找到对应的值，字段 RoleID 是角色表中的主键，还是用户表中的外键。禁止给用户表中插入角色表中不存在的字段 RoleID 值的数据行；禁止改变角色表中字段 RoleID 的值，导致用户表中字段 RoleID 的数据孤立；禁止删除用户表中的字段 RoleID 的值对应的角色表中的记录。这种设计符合参照完整性的约束。

2.3.4　用户自定义完整性

用户自定义完整性是指用户根据实际情况定义的某个具体数据库所设计的数据必须满足的约束条件，反映了具体应用中的数据的语义，是对数据表中字段属性的约束，也称为域完整性约束。比如在设计用户表 User 时，定义年龄 Age 字段，用户自定义年龄字段的值不能小于 0，不能大于 150。这种设计符合用户自定义完整性约束。

在数据库设计过程中，需要定义实体完整性、参照完整性和用户自定义完整性，方便系统检验数据的完整性。实体完整性和参照完整性适用于任何关系型数据库系统，它们主要是针对关系中的主键和外键的约束。用户自定义完整性是根据应用环境和实际需求，对字段属性进行约束。

2.4　关系的规范化

关系的规范化是通过消除关系模式中存在的不合适的函数依赖，为了解决数据库中数据的插入异常、删除异常、修改异常和数据冗余等问题的一组规则。

2.4.1 关系规范化概述

扫码看视频

一个关系对应一个二维表，关系是由关系的模式和值所组成。

一个数据库是由若干个关系组成，各关系之间通过主键和外键建立联系，使它们形成一个整体。

一个关系中属性之间的函数依赖有直接依赖、部分依赖和传递依赖。比如关系（学号、姓名、性别、课程号、课程名称、学分）中存在直接依赖和部分依赖；关系（学号、姓名、性别、专业编号、专业名称、学位）中存在直接依赖和传递依赖。

关系规范化理论最早是由关系数据库的创始人 E. F. Codd 提出的，经过许多专家学者进一步深入研究和探讨，形成了一整套关系数据库设计的理论。关系规范化是通过分解的方法，取消关系中的部分依赖和传递依赖，让关系中只存在直接依赖，这个过程称为关系的规范化。关系规范化理论包括函数依赖、范式和模式设计。函数依赖是模式分解和模式设计的基础，范式是模式分解的依据。

关系规范化的级别有第一范式（1NF）、第二范式（2NF）、第三范式（3NF）、BC 范式（BCNF）、第四范式（4NF）和第五范式（5NF）。通常进行关系的规范化只进行到第三范式。第一范式的目的是取消复合属性，第二范式的目的是取消部分依赖，第三范式的目的是取消传递依赖。

设计一个适合的关系数据库系统，前提是要对关系数据库模式进行设计，一个好的关系数据库模式包括许多关系模式，每个关系模式包含许多属性，如何将这些相互关联得到关系模式组合成一个关系模型，让关系数据库系统高效运行，这就需要关系规范化理论指导完成，从而消除关系中的数据冗余、插入异常、删除异常和修改异常等。

下面的例题会告诉我们：数据库的逻辑设计为什么一定要遵循规范化理论？不好的关系模式会导致那些问题？好的关系模式有什么特点？

例 2-15 设计一个教学管理数据库，其关系模式 SCD 如下：

SCD（Sno，Sname，Age，Department，Mname，Cno，Score）

其中，Sno 表示学生的学号，Sname 表示学生姓名，Age 表示学生年龄，Department 表示学生所在的系部，Mname 表示系主任姓名，Cno 表示课程编号，Score 表示成绩。

关系模式 SCD 是不是一个好的关系模式？

分析：根据教学管理数据库的实际情况，关系模式中的数据有以下特点。

➢ 一个系有若干个学生，一个学生只属于一个系。

➢ 一个系只有一名系主任，一个系主任可以同时兼任几个系的系主任。

➢ 一个学生可以选修多门课程，每门课程可有若干个学生选修。

➢ 每个学生学习每门课程有一个成绩。

SCD 关系模式对应的数据表如表 2-31 所示。

表 2-31　SCD 关系模式对应的数据表

Sno	Sname	Age	Department	Mname	Cno	Score
20170001	章一山	19	计算机	张凤娟	1	90
20170001	章一山	19	计算机	张凤娟	2	80
20170001	章一山	19	计算机	张凤娟	5	95
20170002	徐少春	18	计算机	李易峰	2	85
20170003	付芬芳	18	工商管理	王明强	4	70
20170004	曲齐静	17	艺术	瑜彩峰	3	60

在上述数据表中，Sno 和 Cno 是关系模式 SCD 的主关系键。但在数据库实际操作中，会出现以下问题：

（1）每个学生所在的系部和系主任的名字重复出现的次数等同于学生人数乘以每个学生选修课程的门数，同时每个学生的姓名、年龄也重复存储多次，数据冗余度很大，浪费了存储空间。

（2）因为（Sno，Cno）是主关系键。根据实体完整性约束要求，如果主关系键值不为空，某个新成立的系没有招学生，那么系名和系主任的信息无法录入到数据库中，会出现插入异常。再比如某个学生没有开始选课，Cno 未知，而 Cno 不能为空值，也不能进行插入操作。

（3）如果某个系的学生全部毕业又没有招新生时，删除全部学生的记录，那么系名和系主任的信息也被删除，实际上这个系还存在，但是在数据库中找不到该系的信息。再比如某个学生不再选修 2 号课程，只需删除 2 号课程，可 2 号课程对应的 Cno 是主关系键，要满足实体完整性，就需要将本条记录一起删除。这就出现了删除异常。

（4）如果学生姓名一开始输入错误，需要修改学生姓名，那么该学生对应的所有记录都要逐条修改。又比如某个系更换了系主任，那么就需要修改本系所有学生记录中对应的系主任字段的值。这就是更新异常。

综上所述，关系模式 SCD 不是一个好的关系模式，它会出现数据冗余、插入异常、删除异常和更新异常等问题。要解决这个问题，就需要将关系模式 SCD 分解成三个关系模式：

➢ 学生关系 S（Sno，Sname，Age，Department）。

➢ 选课关系 SC（Sno，Cno，Score）。

➢ 系关系 D（Department，Mname）。

分解后的三个关系模式对应的三个数据表如表 2-32 至表 2-34 所示。

表 2-32　学生关系对应的学生表

Sno	Sname	Age	Department
20170001	章一山	19	计算机
20170002	徐少春	18	计算机
20170003	付芬芳	18	工商管理
20170004	曲齐静	17	艺术

表 2-33 选课关系对应的选课表

Sno	Cno	Score
20170001	1	90
20170001	2	80
20170001	5	95
20170002	2	85
20170003	4	70
20170004	3	60

表 2-34 系关系对应的系表

Department	Mname
计算机	张凤娟
工商管理	王明强
艺术	瑜彩峰

以上三个关系模式中实现了信息的分解：

➢ 学生表中只存储学生的信息，与选修课程和系主任无关。

➢ 选课表中存储学生选课的信息，与学生和系无关。

➢ 系表中只存储系的信息，与学生无关。

分解成三个关系模式后，数据库的冗余度降低；当成立一个新系时，只需在系表中添加一条记录；当学生未选课，只需在学生表中添加一条学生的记录，与选课表和系表无关，避免了插入异常；当某个系的学生全部毕业，只需在学生表删除学生信息，与系表无关，不会引起删除异常；某个学生的信息、选课的信息或系的信息需要修改时，只需针对具体的某个表的某条记录修改，不会引起更新异常。

一个好的关系模式应具有以下条件：

➢ 尽可能少的数据冗余。

➢ 没有插入异常。

➢ 没有删除异常。

➢ 没有更新异常。

🐾 注意：

　　一个好的关系模式不是在任何情况下都是最优的，比如要查询某个学生的选修课程名称和系主任的名字时，要连接学生表、选课表和系表，连接所需要的系统开销较大，所以要根据实际设计需求出发来设计数据库。

2.4.2 函数依赖关系

关系模式中的各个属性是相互依赖、相互制约的，在设计关系模式时，必须从语义上分析这些数据依赖。数据依赖分为函数依赖（Functional Dependency）、多值依赖（Multivalued Dependency）和连接依赖（Join Dependency）。数据库模式好坏和关系中各个属性间的依赖关系有关，本节就是要讨论函数依赖关系。函数依赖是关系模式中属性之间的一种逻辑依赖关系。

在例 2-15 的关系模式 SCD（Sno，Sname，Age，Department，Mname，Cno，Score）中，Sno 与 Sname、Age、Department 之间都存在一种依赖关系。如果 Sno 字段的一个值对应一个学生，一个学生只属于一个系，那么 Sno 的值确定，Sname、Age 和 Department 的值也被确定。这种情况可以说成是变量之间的单值函数关系，比如设单值函数 Y=F（X），变量 X 的值决定了一个唯一的函数值 Y。Sno 与 Sname、Age、Department 之间的依赖关系也可以理解为 Sno 决定了函数（Sname，Age，Department），或者说函数（Sname，Age，Department）依赖于 Sno。

扫码看视频

1. 函数依赖的定义

函数依赖是关系模式属性之间的一个联系。设关系模式 R（U，F），U 是属性的全体集合，F 是 U 上的函数依赖集合，X 和 Y 是 U 的子集，如果对于 R（U）的任意一个可能的关系 r，对于 X 的每一个具体值都有唯一的具体值 Y 与之对应，则说明 X 决定函数 Y，或者 Y 函数依赖于 X，记作 X → Y。其中 X 是决定因素，Y 是依赖因素。属性间的函数依赖是指关系 R 中的所有关系子集都要满足定义的限定条件，只要关系 R 中有一个关系子集不满足限定条件，则函数依赖不成立。

对于例 2-15 中的关系模式 SCD，U={ Sno，Sname，Age，Department，Mname，Cno，Score }，F={Sno → Sname，Sno → Age，Sno → Department}。一个 Sno 对应多个 Score 的值，Score 不能唯一确定，Score 不能函数依赖于 Sno，记作 Sno-\ → Score。但是 Score 可以被（Sno，Cno）唯一确定，记作（Sno，Cno）→ Score。

关系模式中各个属性之间存在的联系有一对一关系（1:1）、一对多关系（1:n）和多对多关系（m:n），不是每种关系都存在函数依赖。比如关系 R 中有属性 X 和 Y，可能存在函数依赖的情况分为：

（1）如果 X、Y 是一对一关系，则存在函数依赖 X ←→ Y。

（2）如果 X、Y 是一对多关系，则存在函数依赖 X → Y 或 Y → X（多方为决定因素）。

（3）如果 X、Y 是多对多关系，则不存在函数依赖。

2. 函数依赖分类

函数依赖只能根据语义来确定，而不能按照形式化定义来证明函数依赖是否成立。

例 2-16 学生关系模式 S（Sno，Sname，Age，Department），在学生不重名的情况下，可以得到哪些函数依赖关系。

在学生不重名的情况下，可以得到的函数依赖关系有：

Sno → Age

Sno → Department

从而可以看出函数依赖反映了一种语义完整性约束。

函数依赖分为平凡函数依赖和非平凡函数依赖。设关系模式 R（U）是属性集合 U 上的关系模式，X 和 Y 是 U 的子集。

（1）平凡函数依赖，关系模式 R 中，当属性集合 Y 是属性集合 X 的子集时，必然存在函数依赖 X → Y，这种函数依赖被称为平凡函数依赖。

（2）非平凡函数依赖，关系模式 R 中，当属性集合 Y 不是属性集合 X 的子集时，存在函数依赖 X → Y，这种函数依赖被称为非平凡函数依赖。如果不是特别说明的情况下，常说的函数依赖通常指非平凡函数依赖。

例 2-17　选课关系模式 SC（Sno，Cno，Score），指出其中的平凡函数依赖和非平凡函数依赖。

非平凡函数依赖：（Sno，Cno）→ Score。

平凡函数依赖：（Sno，Cno）→ Sno，（Sno，Cno）→ Cno。

例 2-18　学生关系模式 S（Sno，Sname，Class），指出其中的函数依赖关系。

平凡函数依赖：（Sno，Sname）→ Sno，（Sno，Sname）→ Sname。

非平凡函数依赖：（Sno，Sname）→ Class。

函数依赖从性质上分为完全函数依赖、部分函数依赖和传递函数依赖。

完全函数依赖：设 X，Y 是关系 R 的两个属性集合，如果 X → Y，X1 是 X 的真子集，存在 X1 → Y，那么 Y 部分依赖于 X。

部分函数依赖：设 X，Y 是关系 R 的两个属性集合，如果 X → Y，X 的任何一个真子集 X1，不存在 X1 → Y，那么 Y 完全依赖于 X。

传递函数依赖：设 X，Y，Z 是关系 R 的两个属性集合，如果存在 X → Y，Y → Z，Y-\ → X，那么 X → Z，即 Z 传递依赖于 X。

上例 2-18 中，通过 Sno 可以推出 Class，Class 完全依赖于 Sno，这就是完全函数依赖；（Sno，Sname）也可以推出 Class，但其中的真自己 Sname 推不出 Class，这就是部分函数依赖，也称为不完全函数依赖。

例 2-19　关系模式 S1（Sno，Department，Dname），其中 Sno 表示学号，Department 表示系名，Dname 表示系主任名字。请指出其中的函数依赖关系。

函数依赖关系：Sno → Department，Department → Dname，Department-\ → Sno，所以 Sno → Dname 为传递函数依赖。

2.4.3　范式与规范化

扫码看视频

如果按照一定的规范设计关系模式，将结构复杂的关系分解成简单的关系，让关系模式中的数据项不可再分时，则该关系是规范化的。在一个关系模式中，要先找出关系模式中的码，然后再分解关系模式，不同级别的分解模式构成了不同的范式。

1. 关系模式中的码

设 K 是关系模式 R（U，F）中的属性或属性组，K1 是 K 的一个子集，如果

K → U，不存在 K1 → U，那么 K 是 R 的候选码（Candidate Key）。除了候选码以外，关系模式中的码的相关概念还有：

（1）如果候选码多于一个，那么选择其中一个为主码（Primary Key）。

（2）包含在候选码中的属性，称为主属性（Primary Attribute）。

（3）不包含在任何码中的属性称为非主属性（Nonprime Attribute），也称为非码属性（Nonkey Attribute）。

（4）在关系模式中，如果单个属性是码，那么称为单码（Single Key）；如果整个属性是码，那么称为全码（All Key）。

（5）设两个关系模式 R 和 S，X 是 R 的属性或属性组，X 不是 R 的码，但 X 是 S 的码，那么 X 是 R 的外码（Foreign Key）或外键。

例 2-20 指出关系模式签约（演员名，制片公司，电影名）中的码。

分析：在关系模式签约中所有的属性都是码，所有属性组合成了全码。

例 2-21 设有职工关系模式 Employee（Eid，Ename，Sex，Post，Dno）和部门关系模式 Dpartment（Dno，Dname，Telephone，Manager），其中 Eid 表示职工号，Ename 表示职工姓名，Sex 表示职工性别，Post 表示职工的职称，Dno 表示部门号，Dname 表示部门名称，Telephone 表示部门电话，Manager 表示部门负责人。指出职工关系模式和部门关系模式中的码。

分析：职工关系模式 Employee 中的部门号 Dno 是职工关系模式中的一个外码。

例 2-22 在选课系统中有学生关系模式 Student（Sno，Sname，Sex，Age），课程关系模式 Course（Cno，Cname，Cteacher），选课关系模式 Selection（Sno，Cno，Score），指出其中的码。

分析：在选课关系模式 Selection 中，（Sno，Cno）是该关系的候选码和主码，Sno、Cno 又分别是组成选课关系模式中的主属性，Score 是选课关系模式中的非主属性。Sno 是学生关系模式 Student 的主码，Cno 是课程关系模式 Course 的主码，Sno 和 Cno 是选课关系模式 Selection 中的两个外码。

在选课系统中，选课关系间的联系，可以通过学生关系、课程关系和选课关系中的主码和外码的取值来建立联系。如果需要查询某个学生的选课情况，只需查询学生表中的学号与选课表中的学号相同的记录，以及课程表中的课程号和选课表中的课程号相同的记录即可。

2. 范式

关系数据库中的二维表按其规范化程度从低到高分为六级范式（Normal Form），分别称为第一范式（1NF）、第二范式（2NF）、第三范式（3NF）、鲍依斯 - 科得范式（BCNF）、第四范式（4NF）和第五范式（5NF）。关系数据库中的关系要满足一定的条件，满足不同程度的要求条件被称为不同的范式。

（1）第一范式（1NF）

在任何一个关系数据库中，第一范式是对关系模式的基本要求，不满足第一范式的数据库就不是关系数据库。第一范式是指数据库表的每一列都是不可分割的数据项，同一列中不能有多个值，实体中的某个属性不能有多个值或重复的属性。如果出现重复的属性，就需要定义一个新的实体，新的实体由这个重复的属性构成，新实体与原实体是一对多的关系。在第一范式中，表的每一行都包含一个实体的信息。

例 2-23　设有学生表如表 2-35 所示。该表是否满足第一范式？

表 2-35　学生表

Sno	Sname	Age	Department
20170021	李媛媛	19	计算机
20170042	张天源	19	艺术
20170063	李一才	18	机械
20170074	赵蓉蓉	18	计算机

分析：学生表中的每一行只表示一个学生的信息，一个学生的信息在表中只出现一次，不存在重复的列，每一列的信息都是不可再分的。满足第一范式，即学生 ∈ 1NF。

（2）第二范式（2NF）

满足第二范式的条件，必须先满足第一范式，还需要关系中的每个非主属性必须依赖于关系中的码，即要求数据表中每个实例或每一列都是唯一的。比如例 2-23 中，学生表中有一个主键 Sno，可以通过学号 Sno 唯一标识每一行记录，学生表中每一列都不可再分，所以学生 ∈ 2NF。

第二范式要求实体的属性完全依赖于主关键字。完全依赖是不能存在仅依赖于主关键字的一部分属性。如果实体的属性只依赖于主关键字的一部分属性，就需要将这个属性和主关键字的一部分分离出来组成一个新的实体，新实体与原实体之间是一对多的关系，在新实体上需要添加一个唯一标识的列。第二范式就是为了解决非主属性部分依赖于主关键字的问题。

（3）第三范式（3NF）

第三范式是在满足第二范式的基础上消除关系中码之间的传递。第三范式要求一个数据表中不包含在其他数据表中已包含的非主关键字信息。

例 2-24　学生表中包含字段学号、姓名、性别、年龄和系部，课程表中包含字段课程号、课程名和任课教师，选课表中包含字段学号、课程号和成绩。试分析选课表是否满足第三范式。

分析：选课表中的字段学号和课程号是外键，他们分别与学生表和课程表建立联系，（学号、课程号）是选课表的主属性，成绩是选课表中的非主属性，成绩完全依赖于主属性（学号、课程号）。选课表中每一列的信息是不可再分的，每一行的信息是唯一的，同时满足了第一范式和第二范式，成绩完全依赖于主属性（学号、课程号），所以选课 ∈ 3NF。

（4）鲍依斯 - 科得范式（BCNF）

鲍依斯 - 科得范式，简称"BC 范式"，在满足第三范式的基础上，消除关系模式中所有属性对候选码的部分和传递依赖。如果关系模式 R（U）的所有非主属性对每个码都是完全函数依赖，所有主属性对不包含它的码也是完全函数依赖，没有任何属性完全依赖于非码的任何一组属性，那么关系 R ∈ BCNF。

例 2-25　仓库管理表 StoreManagement（SMid，Sid，Mid，Number），其中 SMid 表示仓库编号，Sid 表示存储物品编号，Mid 表示管理员编号，Number 表示数量，一个管理员只在一个仓库工作，一个仓库可以存储多种物品。仓库管理关系是否符合 BC 范式。

分析：仓库管理表包含以下关系。

（SMid，Sid）→（Mid，Number）

（Mid，Sid）→（SMid，Number）

（SMid，Sid）和（Mid，Sid）都是 StoreManagement 的候选码，仓库管理表中的唯一非关键字为 Number，它是符合第三范式的。

但是仓库管理表中还包含以下关系：

（SMid）→（Mid）

（Mid）→（SMid）

它会出现如下异常情况：

删除异常，当仓库被清空后，仓库编号 SMid 和管理员编号 Mid 都被删除了；插入异常，当仓库没有存储任何物品时，也不能分配管理员；更新异常，当仓库换了管理员，表中所有的管理员编号都要修改。

这种关系就表明仓库管理中存在关键字决定关键字的情况，所以不符合 BC 范式。

要解决仓库管理关系中的异常，让它符合 BC 范式，就需要将仓库管理表分解为两个关系表：仓库管理 StoreManagement（SMid，Mid），仓库 Store（SMid，Sid，Number）。

（5）第四范式（4NF）

第四范式是为了消除多值依赖。多值依赖是在关系模式中，函数依赖不能表示属性值直接的一对多的联系，这些属性中存在间接关系。例如在教学管理中，教师和学生没有直接联系，但是教师和学生可以通过授课联系起来。

例 2-26　仓库管理关系模式 SM（SMname，Sid，SCid），SMname 表示仓库管理员，Sid 表示仓库编号，SCid 表示库存产品编号。仓库管理是否符合第四范式。

分析：一个产品只能放到一个仓库中，一个仓库有多个管理员。一个（SMname，SCid）对应一个 Sid，仓库编号只和库存产品编号有关，与管理员无关，它们之间是多值依赖。SM 中数据冗余太大。要解决这个问题就需要把仓库管理关系模式 SM 分解成两个关系模式：SM1（Sid，SMname），SM2（Sid，SCid）。

（6）第五范式（5NF）

第五范式是为了将关系模式分割成尽可能小的关系，从而排除表中的冗余。如果关系模式 R 中的每一个连接依赖所连接的属性都是候选码，那么该关系模式满足第五范式。

例 2-27　设有关系 R（A，B，C），表 R 如表 2-36 所示。关系 R 是否满足第五范式？

表 2-36　表 R

A	B	C
A1	B1	C1
A2	B1	C2
A1	B2	C1
A1	B2	C1

分析：表 R 中，三个属性 A，B，C 都是关键字，需要将关系 R 分解成三个关系，分别是 A 和 B，B 和 C，C 和 A，分别对应表 R1、表 R2 和表 R3，如表 2-37 至表 2-39 所示。

表 2-37　表 R1

A	B
A1	B1
A2	B1
A2	B2

表 2-38　表 R2

B	C
B1	C1
B1	C2
B2	C2

表 2-39　表 R3

A	C
A1	C1
A2	C2
A1	C1

分解后的表 R1、表 R2 和表 R3 满足第五范式。

综上所述，这六个范式在设计数据库时是逐步加强的，满足的范式越高，数据冗余越少，数据库越完善。一般的数据库满足第三范式即可。满足第一范式只需要每列不可分，每列不重复，这种数据库就被称为关系型数据库。先满足第一范式才能满足第二范式，满足第二范式才能满足第三范式，第三范式要求一个数据表中不包含已在其他表中包含的非主关键字信息。BC 范式是在满足第三范式的基础上消除传递依赖。第四范式的目的是消除多值依赖。第五范式的目的还是消除多值依赖，在满足第四范式的基础上找出可以分别为实体的三元关系进一步分解。第一范式所满足的要求最低，第五范式需要满足的要求最高，各种范式直接存在的联系为：

$$1NF \supset 2NF \supset 3NF \supset BCNF \supset 4NF \supset 5NF$$

3. 关系模式的规范化

将一个低级别范式的关系模式逐步分解转换为高级别范式的关系模式的集合，这个过程叫规范化。规范化是为了使关系模式结构更加合理，减少数据冗余，消除删除异常、插入异常和更新异常，节约数据存储空间，避免数据不一致，提高数据库的操作效率。

关系模式规范化的基本步骤，首先消除决定属性集非码的非平凡函数依赖，满足 1NF；在 INF 的基础上消除非主属性对码的部分函数依赖，满足 2NF；再消除主属性对码的部分和传递函数依赖，满足 BCNF；接着消除非平凡且非函数依赖的多值依赖，满足 4NF；最后进一步消除多值依赖，满足 5NF。

本章小结

本章主要内容包括关系代数、关系完整性和关系的规范化。

关系代数包括传统的关系运算和专门的关系运算。传统的关系运算包括并、交、差、广义笛卡尔积四种运算。专门的关系运算包括选择、投影、连接、除等。

关系的完整性包括实体完整性、参照完整性和用户自定义完整性。实体完整性是针对数据表设计中主键的约束，参照完整性是针对数据表设计中外键的约束，用户自定义完整性是针对数据表中字段属性或域的约束。

关系的规范化包括函数依赖关系、范式与关系模式的分解方法。

规范化理论是数据库逻辑设计的指南和工具，具体步骤如下：

（1）考察关系模型的函数依赖关系，确定范式等级。逐一分析各个关系模式，判断其中是否存在部分函数依赖、传递函数依赖等，确定它们分别属于第几范式。

（2）对关系模式进行合并或分解。根据应用要求，判断这些关系模式是否合乎要求，从而确定是否要对这些模式进行合并或分解。例如，对于具有相同主码的关系模式一般可以合并；对于非 BCNF 的关系模式，要判断"异常"是否在实际应用中产生影响，对于那些只是查询，不执行更新操作，则不必对模式进行规范化，实际应用中并不是规范化程度越高越好，有时分解带来的消除更新异常的好处与经常查询需要频繁进行自然连接所带来的效率低相比会得不偿失。对于那些需要分解的关系模式，可以用规范化方法和理论进行模式分解。最后，对产生的各关系模式进行评价、调整，确定出较合适的一组关系模式。

练习二

1. 设属性 A 是关系 R 的主属性，则属性 A 不能取空值（NULL），这是（　　）。

　　A. 实体完整性规则　　　　　　　　B. 参照完整性规则

　　C. 用户定义完整性规则　　　　　　D. 域完整性规则

2. 下面对于关系的叙述中，不正确的是（　　）。

　　A. 关系中的每个属性是不可分解的

　　B. 在关系中元组的顺序是无关紧要的

　　C. 任意的一个二维表都是一个关系

　　D. 每一个关系只有一种记录类型

3. 设关系 R 和 S 的元组个数分别为 100 和 300，关系 T 是 R 与 S 的笛卡尔积，则 T 的元组个数是（　　）。

　　A. 400　　　　　　B. 10000　　　　　　C. 30000　　　　　　D. 90000

4. 设关系 R 与关系 S 具有相同的目（或称度），且相对应的属性的值取自同一个域，则 R–(R–S) 等于（　　）。

　　A. R∪S　　　　　　B. R∩S　　　　　　C. R×S　　　　　　D. R–S

5. 试述关系模型的三个组成部分。

6. 定义并解释下列术语，说明它们之间的联系与区别。

➢　主码、候选码、外码。

➢　笛卡尔积、关系、元组、属性、域。

➢　关系、关系模式、关系数据库。

7. 试述关系模型的完整性规则。在参照完整性中，为什么外码属性的值也可以为空？什么情况下可以为空？

8. 对于学生选课关系，其关系模式为：

学生（学号，姓名，年龄，所在系）

课程（课程名，课程号，先行课）

选课（学号，课程号，成绩）

用关系代数完成以下查询：

➢　求学过的数据库课程的学生的姓名和学号。

➢　求学过的数据库和数据结构的学生的姓名和学号。

➢　求没有学过数据库课程的学生学号。

➢　求学过的数据库的先行课的学生学号。

9. 设有一个 SPJ 数据库，包括 S、P、J、SPJ 四个关系模式：

S（SNO，SNAME，STATUS，CITY）

P（PNO，PNAME，COLOR，WEIGHT）

J（JNO，JNAME，CITY）

SPJ（SNO，PNO，JNO，QTY）

其中：供应商表 S 由供应商代码（SNO）、供应商姓名（SNAME）、供应商状态（STATUS）、供应商所在城市（CITY）组成；零件表 P 由零件代码（PNO）、零件名（PNAME）、颜色（COLOR）、重量（WEIGHT）组成；工程项目表 J 由工程项目代码（JNO）、工厂项目名（JNAME）、工程项目所在城市（CITY）组成；供应情况表 SPJ 由供应商代码（SNO）、零件代码（PNO）、工程项目代码（JNO）、供应数量（QTY）组成，表示某供应商供应某种零件给某工程项目的数量为 QTY。

试用关系代数完成如下查询：

➢ 求供应工程 J1 零件的供应商号码 SNO。

➢ 求供应工程 J1 零件 P1 的供应商号码 SNO。

➢ 求供应工程 J1 零件为红色的供应商号码 SNO。

➢ 求没有使用天津供应商生产的红色零件的工程号。

➢ 求至少用了供应商 S1 所供应的全部零件的工程号。

第3章

SQL 语言和 T-SQL 编程基础

本章主要内容是 SQL 语言和 T-SQL 编程基础。SQL 语言主要包括数据类型、组成、语言元素、流程控制语句和系统函数等，本章要让学生熟练掌握 SQL 语言。

3.1 SQL 语言概述

3.1.1 SQL 语言的发展

SQL 语言就是结构化查询语言，即 Structured Query Language，简称 SQL。SQL

扫码看视频

语言是一种对数据库进行操作的语言，也是程序设计语言，用于存取数据、查询数据、更新数据和管理关系数据库系统。SQL 语言是关系型数据库系统的标准语言。所有关系型数据库管理系统均可使用 SQL 语言，如 MySQL、Microsoft Access、Oracle、Sybase、Informix、SQL Server 等数据库系统。SQL Server 使用的 T-SQL 语言，是标准的数据库语言。Microsoft Access SQL 调用的是 JET SQL 语言。Oracle 使用的是 PL/SQL 语言。

1970 年 IBM 公司圣约瑟研究实验室的关系数据库之父埃德加·科德发表了将数据组成表格的应用原则，即介绍了关系模型的数据库。1974 年在 IBM 公司圣约瑟研究实验室研制的大型关系数据库管理系统中，使用 SEQUEL 语言，由 BOYCE 和 CHAMBERLIN 提出，1976 年在 SEQUEL 的基础上公布了新版本的 SEQUEL/2（SQL）。1978 年 IBM 发布了 System/R 的产品。1979 年 Oracle 公司首次提供了商用的 SQL，IBM 公司在 DB2 和 SQL/DS 数据库系统实现了 SQL。1980 年 SEQUEL/2 改名为 SQL 语言。1986 年 IBM 研制出了第一台样机的关系型数据库和标准的 ANSI，ANSI 后来被国际标准化组织（ISO）列为国际标准，也称为 SQL/86 标准。1989 年，ANSI 采纳了关系数据库管理系统的 SQL 标准语言，被称为 SQL/89 标准。1992 年被数据库管理系统生产商接受，出了新的标准 SQL/92。1999 年 Core level 跟其他 8 种相应的 level 推出了新的标准 SQL/99。2003 年包含了 XML 的相关内容，自动生成列值，形成了 SQL/2003 标准。2006 年定义了 SQL 与 XML 的关联应用，形成了 SQL/2006 标准。2007 年在原有 SQL2005 的基础上增加了它的安全性，形成了改进的 SQL/2006。

3.1.2 SQL 语言的特点

SQL 语言的特点是综合统一，高度非过程化，面向集合的操作方式，以同一种语法结构提供多种使用方式，语言简洁，易学易用，能方便直观地统计数据。

综合统一的特点是指语言风格统一，可以独立完成数据库生命周期内的全部活动，如定义关系模式，录入数据，建立数据库，查询、更新、维护、重构数据库，数据库安全性控制等一系列操作，为数据库应用系统提供了良好的环境，即使数据库在投入使用后，还能随时随地逐步修改，不会影响数据库运行，使数据库管理系统具有良好的可扩充性。

高度非过程化的特点是指使用 SQL 语言进行数据操作，用户只需提出"做什么"，

"怎么做"由 SQL 语言完成，用户不需要了解存取路径，存取路径的选择和 SQL 语句的操作过程由系统自动完成。这就大大减轻了用户负担，提高了数据的独立性。

面向集合的操作方式是指查找结果可以是元组的集合，插入、删除和更新操作的对象也可以是元组的集合。非关系型数据库的任何一个操作的对象都是一条记录，与关系型数据库的操作不同。例如要在成绩表中查找分数在 90 分以上学生的姓名，用户用循环结构按照某条路径一条一条地把满足条件的学生记录读出来。

以同一种语法结构提供多种使用方式是指 SQL 语言既是自含式语言，又是嵌入式语言。自含式语言：能够独立地用于联机交互的使用方式，用户可以在终端键盘上直接输入 SQL 命令对数据库进行操作。嵌入式语言：SQL 语句能够嵌入到高级程序设计语言（如 C、VB、C++、C# 等）中，供程序员设计程序时使用。这种以同一种语法结构提供的两种不同的使用方法，为用户提供了极大的灵活性和方便性。

SQL 语言是一种程序设计语言，是高级的非过程化编程语言，是用于沟通数据库服务器和客户端的工具，用户可在高层数据库上工作。SQL 语言也是一种关系数据库语言，作为数据输入和管理的接口，用户不需要指定数据的存放方式，可以直接使用，SQL 语言适合不同底层结构的不同数据库系统使用。

3.1.3　SQL 语言的组成和功能

扫码看视频

SQL 语言由命令动词、子句、运算符和统计函数组成。这些元素结合起来组成的语句，用来对数据库进行各种操作，比如创建数据库、创建数据表、查询数据、更新数据和删除数据等，以及一些其他的功能。

SQL 语言中的命令动词都是系统中的保留字，有 Select、Create、Drop、Alter、Insert、Update、Grant 和 Revoke 等。

（1）Select 用于查询数据，也可用于变量赋值；

（2）Create 用于创建表、视图、存储过程、函数、索引和触发器等；

（3）Drop 用于删除表、视图等；

（4）Alter 用于修改表、视图、存储过程等；

（5）Insert 用于插入数据；

（6）Update 用于更新数据；

（7）Delete 用于删除数据；

（8）Grant 用于对用户授权；

（9）Revoke 用于回收用户权限。

SQL 语言中的子句有：Select 子句、from 子句、where 子句、group by 子句、having 子句和 order by 子句。

（1）Select 子句，表示输出字段值或表达式，可以使用运算符，如 Select salary，salary+150 from employee；

（2）from 子句，表示要查询的数据表，可以查询一个或多个表，不能使用表达式，如 Select * from Student；

（3）where 子句，表示数据筛选的条件，可以使用运算符，如 Select * from employee where salary>3500；

（4）group by 子句，表示对记录进行分组，可以指定一个或多个用来分组查询返回行的字段值，不能使用表达式，如 Select Customer，sum(OrderPrice) from Orders group by Customer；

（5）having 子句，表示对分组记录进行筛选，可以使用字段值和聚集函数，不能使用算术运算符，如 Select Customer，sum(OrderPrice) from Orders group by Customer having sum(OrderPrice)<2500；

（6）order by 子句，表示查询记录的顺序，指定一个字段或多个字段，不能使用算术运算符，如 Selcet Company，OrderNumber from Orders order by Company。

SQL 语言的运算符包括算术运算符和比较运算符。算术运算符包括：+（加）、–（减）、*（乘）、/（除）、%（取余）等。比较运算符包括：>（大于）、<（小于）、=（等于）、>=（大于等于）、<=（小于等于）、<>（不等于）、!=（不等于）、!>（不大于）、!<（不小于）等。

这些 SQL 语言的运算符的优先级由低到高按顺序排列，如表 3-1 所示，同一行的运算符具有相同的优先级。

表 3-1　SQL 语言的运算符优先级

优先级（低到高）	运算符
1	: =
2	||，or，xor
3	&&，and
4	not
5	between，case，when，then，else
6	=，<，>=，>，<=，<>，!=，is，like，regexp，in
7	|
8	&
9	<<，>>
10	-，+
11	*，/，div，%，mod
12	^
13	-（一元减号），~（一元比特反转）
14	!
15	binary，collate

例如，查看下列查询语句，分析 SQL 语言运算符的优先级。

Select * from tl_documentation where (storehouse_id =2 or customer_id =2) and product_id =20 order by id desc

SQL 语言的统计函数包括统计记录数的函数 Count，如 Select Count(*) from Student；求和函数 Sum，如 Select Sum(Age) from Student；求平均值函数 Avg，如 Select Avg(Age) from Student；取最大值函数 Max，如 Select Max(Age) from Student；取最小值函数 Min，如 Select Min(Age) from Student；将数值型数据转换成字符型函数 Convert，Select Convert(varchar(3),Age) from Student。

SQL 语言可以创建、维护和保护数据库对策，还可以操作对象中的数据。它的功能有三个：数据操纵（Data Manipulation，DM）、数据定义（Data Definition，DD）和数据控制（Data Control，DC）。

数据操纵是用 Select、Insert、Update、Delete 和 Execute 等命令来查询、添加、修改、删除数据库中的数据，以及激活存储过程。如在学生表 Students 中添加一条记录，Insert into Students(Sno，Sname，Sex，Age，Birth) values (20170002，' 张一山 '，' 男 '，18，"1999-6-1")；从 Students 表中找出出生日期在 1999 年 6 月 1 日以后的记录，Select * from Students where birth>='1999-6-1'；更新一条记录，Update Students set Birth='1999-6-1' where Birth='1999-8-1'；删除一条记录，Delete * from Students where Sno=20170002。

数据定义是用 Create、Alter、Drop 等命令来创建、修改或删除数据库对象，如表、视图和索引等数据库对象。创建新表，Create Table；创建索引，Create Index；创建存储过程，Create Produce；创建视图，Create View；创建用户或组，Create { User | Group}；修改表，Alter Table；删除数据库对象，Drop {Table | Index | Procedure | View | User | Group}。

数据控制是用 Grant、Deny 和 Revoke 等命令来控制访问数据库中特定对象的用户，以及对基本表、视图授权、完整性规则描述和事务控制等。如把创建数据库和创建表的权限授权给用户 abc，Grant Create database,Create table to abc；拒绝用户 abc 创建数据库和数据表的权限，Deny Create database,Create table to abc；废除用户 abc 创建数据表的权限，Revoke Create table from abc。Deny 和 Revoke 的区别，Deny 是拒绝某权限，而 Revoke 是废除某权限。如 Revoke Create table from abc 是将 abc 用户创建表的权限废除，如果用户 abc 和用户 yhf 都是 Adminitration 角色的成员，即使向 Administraion 角色授予创建表的权限，用户 abc 还是不具备创建表的权限，但用户 yhf 具有创建表的权限。

3.1.4　T-SQL 语言

T-SQL 语言是 SQL 语言的增强版，是应用程序与 SQL Server 沟通的主要语言，对 SQL 命令做了许多扩充，提供了类似于程序语言的基本功能。T-SQL 语言分为数据定义语言（DDL）、数据操纵语言（DML）、数据查询语言（DQL）和数据控制语言（DCL），还包含变量说明、内嵌函数和其他命令等。

数据定义语言包括创建（Create）、修改（Alter）和删除（Drop）数据库对象等。数据操纵语言包括插入（Insert）、更新（Update）和删除（Delete）数据库对象等。

数据查询语言包括查询（Select）数据库对象。数据控制语言包括解除（Revoke）、拒绝（Deny）、授权（Grant）某用户的某些权限。

3.2 SQL Server 2012 数据类型

在 SQL Server 2012 中，数据类型是创建表的基础。在创建表时，需要为表中每一列指定一种数据类型。下面将介绍 SQL Server 2012 中常见的数据类型，如字符型、数值型、近似数值型、日期和时间类型、二进制类型和自定义数据类型等。

扫码看视频

1. 字符型

字符型包括 varchar、char、nvarchar、nchar、text 和 ntext 等。这些数据类型用来存储字符数据。这些类型的描述和要求的存储空间如表 3-2 所示。

表 3-2　字符型数据类型

数据类型	描述	存储空间
char(n)	n 为 1 ～ 8000 字符之间	n 字节
varchar(n)	n 为 1 ～ 8000 字符之间	每字符 1 字节 +2 字节额外开销
nchar(n)	n 为 1 ～ 4000 Unicode 字符之间	2*n 字节
nvarchar(n)	n 为 1 ～ 4000 Unicode 字符之间	2*n 字符数 +2 字节额外开销
text	最多为 $2^{31}-1$ 字符（2 147 483 647）	每字符 1 字节 +2 字节额外开销
varchar(max) 等同于 text	最多为 $2^{31}-1$ 字符（2 147 483 647）	每字符 1 字节 +2 字节额外开销
nvarchar(max) 等同于 ntext	最多为 $2^{30}-1$ 字符（1 073 741 823）	2*max 字符数 +2 字节额外开销

varchar 和 char 类型的区别是数据填充。如有一列名为 name，数据类型为 varchar（20），将 abc 存储到 name 列里，只用占 3 个字节的存储空间；如果 name 列为 char（20），把 abc 存储到 name 列，占 20 个字节的存储空间，abc 字符在前面三个位置，后面 17 个位置用空格填满。varchar 数据类型所定义的存储空间的长度一般大于 5 字节，定义后系统开销会大一些，但是系统会自动处理好额外的空间。char 数据库类型所定义的存储空间的长度一般小于或等于 5 个字节，系统开销小。

采用 nvarchar 和 nchar 数据类型定义的数据列采用 Unicode 字符存储，每存储一个字符占两个字节。如有一列为 name，数据类型为 nvarchar（20），把 yhf 存储到 name 列里，需要占 6 个字节的长度；如果 name 列数据类型为 nchar（20），把 yhf 存储到 name 列里，需要占 40 个字节的长度。nvarchar 和 nchar 数据类型比 varchar 和 char 数据类型所占用的存储空间大，所以实用较少，如果有特定需求可以实用。

扫码看视频

2. 精确数值型

精确数值数据类型包括 bit、tinyint、smallint、int、bigint、numeric、decimal、money 和 smallmoney。这些数据类型用于存储不同类型的数值。

如 bit 只占一个字节的存储空间，通常用于开关标记，在应用程序中一般被转换成 true 和 false，只存储 0、1 或 null。常见的数值数据类型如表 3-3 所示。

表 3-3　精确数值数据类型

数据类型	描述	存储空间
bit	0、1 或 null	1 字节（8 位）
tinyint	0 ～ 255 之间的整数	1 字节
smallint	-32 768 ～ 32 767 之间的整数	2 字节
int	-2 147 483 648 ～ 2 147 483 647 之间的整数	4 字节
bigint	-9 223 372 036 854 775 808 ～ 9 223 372 036 854 775 807 之间的整数	8 字节
numeric(p,s) 或 decimal(p,s)	-1 038+1 ～ 1 038-1 之间的数值	最多 17 字节
money	-922 337 203 685 477.5808 ～ 922 337 203 685 477.5807	8 字节
smallmoney	-214 748.3648 ～ 214 748.3647	4 字节

decimal 和 numeric 数据类型可存储小数点右边或左边的可变长度的数。在 numeric(p,s) 中，p 全称 precision，定义了总位数，包括小数点右边的位数；s 全称 scale，定义了小数点右边的位数。如 43.565785 的类型为 numeric(8,6) 或 decimal(8,6)，如果要重新定义为 numeric(3,1)，该数值四舍五入为 43.6。

3. 近似数值型

近似数值数据类型包括 float 和 real。这两种数据类型不能精确地表示所有值，是近似的，称为浮点数据类型。这两种近似数值数据类型的描述如表 3-4 所示。

表 3-4　近似数值数据类型

数据类型	描述	存储空间
float	-1.79E+308 ～ -2.23E-308，0，2.23E-308 ～ 1.79E+308	n ≤ 24-4 字节 n>24-8 字节
real	-3.4E+38 ～ -1.18E-38，0，1.18E-38 ～ 3.40E+38	4 字节

float 类型有时会用 float(n) 的形式表示，n 表示用于存储该数尾数的位数，n 的取值如果指定在 1 ～ 24 之间，就使用 24，如果指定在 25 ～ 53 之间，就使用 53。当指定 flaot() 时，括号中为空，默认是 53。real 类型等同于 float(24)。

4. 日期和时间类型

日期和时间数据类型包括 datetime 和 smalldatetime，用于存储日期和时间数据。datetime 数据类型占 8 字节，存储 1753 年 1 月 1 日—9999 年 12 月 31 日之间的时间。Smalldatetime 数据类型占 4 字节，存储 1900 年 1 月 1 日—2079 年 6 月 6 日之间的时间。

SQL Server 2012 中有 4 种与日期相关的新数据类型：datetime2、dateoffset、date 和 time。

各种日期和时间数据类型的描述如表 3-5 所示。

表 3-5　时间和日期数据类型

数据类型	描述	存储空间
date	1 年 1 月 1 日—9999 年 12 月 31 日	3 字节
datetime	1753 年 1 月 1 日—9999 年 12 月 31 日，精确到最近的 3.33 毫秒	8 字节
datetime2(n)	1 年 1 月 1 日—9999 年 12 月 31 日 0 ～ 7 之间的 n 指定小数秒	6 ～ 8 字节
datetimeoffset(n)	1 年 1 月 1 日—9999 年 12 月 31 日 0 ～ 7 之间的 n 指定小数秒 +/- 偏移量	8 ～ 10 字节
smalldatetime	1900 年 1 月 1 日—2079 年 6 月 6 日，精确到 1 分钟	4 字节
time(n)	小时：分钟：秒 .9999999 0 ～ 7 之间的 n 指定小数秒	3 ～ 5 字节

5. 二进制类型

二进制数据类型包括 varbinary、binary、varbinary(max)，用于存储二进制数据，如图形文件、Word 文档、音频文件或视频文件。image 数据类型可在数据页外部存储最多 2GB 的文件，varbinary(max) 数据类型可保存超过 8KB 的二进制数据。SQL Server 2012 的新功能可以在操作系统文件中通过 FileStream 存储 varbinary(max) 对象，这样可以超过 2GB 大小的限制。

二进制数据类型的描述如表 3-6 所示。

表 3-6　二进制数据类型

数据类型	描述	存储空间
binary(n)	n 为 1 ～ 8000 十六进制数字之间	n 字节
varbinary(n)	n 为 1 ～ 8000 十六进制数字之间	每字符 1 字节 +2 字节额外开销
varbinary(max)	最多为 2^{31}-1（2 147 483 647）十六进制数字	每字符 1 字节 +2 字节额外开销

6. 其他数据类型

系统中还有其他一些数据类型，如表 3-7 所示。

表 3-7　其他数据类型

数据类型	描述	存储空间
cursor	包含对游标的引用，只能用作变量或存储过程参数	不适用
hierarchyid	包含对层次结构中位置的引用	1 ～ 892 字节 +2 字节的额外开销

续表

数据类型	描述	存储空间
SQL_Variant	可能包含任何系统数据类型的值，除了 text、ntext、image、timestamp、xml、varchar(max)、nvarchar(max)、varbinary(max) 以及用户定义的数据类型 最大尺寸为 8000 字节数据 +16 字节元数据	8016 字节
table	存储用于进一步处理的数据集 定义类似于 Create Table。主要用于返回表值函数的结果集，它们也可用于存储过程和批处理	取决于表定义和存储的行数
timestamp 或 rowversion	对于每个表来说是唯一的、自动存储的值。通常用于版本戳，该值在插入和每次更新时自动改变	8 字节
uniqueidentifier	可以包含全局唯一标识符（Globally Unique Identifier，GUID）。GUID 值可以从 Newsequentialid() 函数获得。这个函数返回的值对所有计算机来说是唯一的 尽管存储为 16 位的二进制值，但仍显示为 char(36)	16 字节
XML	定义为 Unicode 形式	最多 2GB

cursor 数据类型不能用在 Create Table 语句中。

XML 数据类型用来存储 XML 文档或片段，在存储时使用的空间根据文档中使用 UTF-16 还是 UTF-8 决定。XML 数据类型使用特殊构造体进行搜索和索引。

7. CLR 集成

在 SQL Server 2012 中，可使用公共语言运行时（Common Language Runtime，CLR）中的称为 SQL 的 CLR 部分创建自己的数据类型、函数和存储过程。这让用户可以使用 Visual Basic 或 C# 编写更复杂的数据类型以满足业务需求。这些类型被定义为基本的 CLR 语言中的类结构。

在 SQL Server 2012 中，还可以通过界面的形式定义自定义的数据类型。打开 Microsoft SQL Server Management Studio，创建新的数据库 yhf，打开"对象资源管理器"，依次展开菜单"数据库"→"yhf"→"可编程性"→"类型"→"用户定义数据类型"，在"用户定义数据类型"上单击右键，选择"新建用户自定义数据类型"即可。"对象资源管理器"如图 3-1 所示。

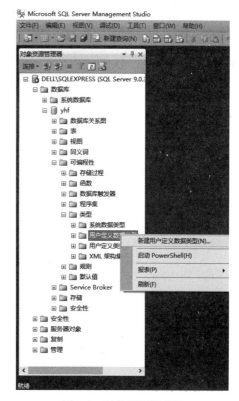

图 3-1　对象资源管理器

3.3　SQL 语言的组成

SQL 语言的组成有数据定义语言、数据操纵语言和数据控制语言等。

3.3.1　数据定义语言

数据定义语言，简称 DDL，主要包含三条命令：

Create，用于在数据库中创建一个新的表、视图、或其他对象。创建表的语法：

Create Table 表名称 (列名称 1 数据类型 , 列名称 2 数据类型 , 列名称 3 数据类型)。

Alter，用于修改现有数据库中的对象。在表中添加列的语法：

Alter Table 表名称 add 列名称 数据类型。

删除表中列的语法：

Alter Table 表名称 Drop Column 列名称。

Drop，用于删除整个表、视图，或其他数据库对象。删除表的语法：

Drop Table 表名称。

例 3-1　请描述下列 SQL 语言的含义。

扫码看视频

（1）Create Table Student(id int,name varchar(20),sex varchar(4),address varchar(200));

（2）Create index in_id on Student(id) ;

（3）Create Produce Student_info as select id,name,sex,address from Student a inner join course b on a.id =b.id;

（4）Create View view_s as select id,name,sex,address from Student where sex=' 男 ';

（5）create User yhf;

（6）Alter Table Student add Birthday date;

（7）Drop Table Student。

上述 SLQ 语言的含义分别是：

（1）创建一个学生表（Student），并添加 int 类型字段 id，varchar 类型长度为 20 字节的字段 name，varchar 类型长度为 4 字节的字段 sex，varchar 类型长度为 200 字节的字段 address；

（2）在学生表上为 id 创建一个索引，命名为 in_id；

（3）创建一个名为 Student_info 的存储过程，查找出学生表和课程表中的 id，name，sex，address 等信息；

（4）创建一个名为 view_s 的视图，查找出性别为男性的学生的信息；

（5）创建一个用户 yhf；

（6）在学生表上添加一列生日 Birthday 的字段；

（7）删除学生表。

3.3.2　数据操纵语言

数据操纵语言，简称 DML，主要包含三条命令：

Insert，用于创建或插入一条记录，语法：Insert into 表名称（列名称）values（值）。

Update，用于修改记录，语法：Update 表名称 set 列名称 = 新值 where 列名称 = 某值。

Delete，用于删除记录，语法：Delete from 表名称 where 列名称 = 值。

例 3-2　描述下列 SQL 语句的含义。

（1）Insert into Student values(20170011,' 张少卿 ',' 男 ',' 1998-11-2');

（2）Select * from Student where sex=' 女 ';

（3）Update Student set Birthday='1998-11-12' where name=' 张少卿 ';

（4）Delete from Student。

上述 SLQ 语言的含义分别是：

（1）往学生表中添加一条记录；

（2）查找学生表中的女生的信息；

（3）更改姓名为张少卿的学生的出生日期为 1998-11-12；

（4）删除学生表中的记录。

3.3.3　数据控制语言

数据控制语言（DCL），主要包含两条命令：

Grant，给用户分配权限，语法：Grant 权限 to 用户。

Revoke，收回授予用户的权限，语法：Revoke 权限 from 用户。

例 3-3　描述下列 SQL 语句的含义。

（1）Grant Update on Student to yhf；

（2）Deny Update on Student to yhf；

（3）Revoke Update from Student。

扫码看视频

上述 SQL 语言的含义分别是：

（1）将学生表的更新权限授予给用户 yhf；

（2）拒绝安全账户 yhf 给学生表的更新权限；

（3）收回用户对学生表的更新权限。

3.4　T−SQL 常用语言元素

T−SQL 常用语言元素有标识符、常量、变量、注释、运算符和表达式等。

3.4.1　标识符

扫码看视频

数据库和数据库对象都需要用户自定义名称，如表名、索引名、视图名、存储过程名和触发器名等，这些名称统称为标识符。

标识符命名规则如下：

（1）标识符的第一个字符通常是字母 A ～ Z 和 a ～ z、下划线（_）、@ 或 #；

（2）标识符第二字符以及后续字符可以是字母、基本拉丁字符、数字、@、$、数字符号或下划线；

（3）标识符不能使用 SQL Server 中的保留字，如 Select、Update 和 Drop 等；

（4）标识符的长度为 1 ～ 128 个字符；

（5）标识符不允许使用空格；

（6）以 @ 为首的标识符表示一个局部变量；

（7）以 @@ 为首的标识符表示一个全局变量。

3.4.2 常量

在 T-SQL 代码中，常量是指一直不变的数据。常量的定义与数据类型有关。常量不需要定义，在 T-SQL 语句中直接使用，常见的常量类型有：

（1）bit 常量：

   0，1

（2）int 常量：

   345，23

（3）decimal 或 numeric 常量：

   45.67，99.0

（4）float 或 real 常量：

   568.9E3

（5）money 常量：

   ￥34，$45.67

（6）字符串类型常量：

   'Hello SQL Server'

（7）单引号作为字符串的常量：

" 你好 "，表示的是字符串 ' 你好 '。

（8）日期和时间类型常量：

   '15/3/2017'，'15:42:20'，'3:42 PM'，'May 1，2016'

3.4.3 变量

在 T-SQL 语言中，会使用变量作为语句执行的计数器或存放临时数据。变量使用的数据类型是 SQL Server 支持的数据类型。

变量分为全局变量和局部变量。

1．全局变量

全局变量是由 SQL Server 系统定义和使用的变量，用户可以使用全局变量的值，但是不能自己定义全局变量。全局变量以两个 @ 为标记。如 @@connections，返回自上次启动 SQL Server TM 以来连接或试图连接的次数；@@max_connecitons，返回 SQL Server TM 上允许的同时连接的用户最大数；@@version，返回 SQL Server 的版本信息；@@servername，返回 SQL Server 的服务名称。

例 3-4　显示到当前日期和时间为止，试图登录 SQL Server 的次数。

T-SQL 代码如下：

```
Select getdate() as ' 当前的日期和时间 ',
@@connections as ' 试图登录 SQL Server 的次数 '
```

2. 局部变量

局部变量是由用户定义和使用的变量，使用范围局限于所定义的 T-SQL 程序内，局部变量的语法如下：

```
declare
{{@local_variable data_type}
|{@cursor_variable_name cursor}
|{table_type_definition}
}[,...n]
```

其中 @local_variable：局部变量的名称； data_type：系统提供的或用户自定义的数据类型，但不能是 text、ntext 或 image 数据类型；@cursor_variable_name：游标变量的名称；cursor：指定变量是局部游标变量；table_type_definition：定义表数据类型。

局部变量的赋值有三种方法。

（1）set 语句赋值，语法为：

```
set @local_variable=expression
```

其中 @local_variable 是局部变量名称，expression 为表达式，本语句表示将表达式的值赋给局部变量。

（2）select 语句赋值，语法为：

```
Select @local_variable=expression
```

（3）通过选择语句赋值，语法为：

```
Select @empId = max(empId)        -- 查出的值赋给局部变量
```

如果查询语句返回的值超过一行，变量引用的是一个非标量表达式，那么最后变量的值是最后一行记录的特定字段的值。

例 3-5　定义局部变量 @vsex，使用此变量查找数据库 yhf 中学生表 Student 中女学生的姓名 name 和学号 sno。

T-SQL 代码如下：

```
use yhf
declare @vsex char(2)
set @vsex=' 女 '
Select sno,name from Student where sex=@vsex
```

局部变量的作用域是引用该变量的 T-SQL 语言的范围，从声明变量到声明变量的批处理或存储过程的结尾。

3.4.4 注释

在 T-SQL 语言中，添加注释是为了方便程序的可读性，规范注释的使用，使程序可读性更强。

注释的使用有两种形式：

（1）单行注释，使用两个连字符（--），例如：

  Select * from Student -- 查询学生表的所有信息

（2）多行注释，使用正斜杠星字符对（/**/），例如：

  /*

   这是注释第一行

   这是注释第二行

  */

3.4.5 运算符

SQL Server 中主要有七种运算符，包括一元运算符、算术运算符、赋值运算符、位运算符、比较运算符、逻辑运算符和字符串串联运算符。

1. 一元运算符

一元运算符只对一个表达式进行运算，在 SQL Server 2012 中提供的一元运算符有三种：

（1）+，表示数值为正；

（2）-，表示数值为负；

（3）~，表示数值按位取反。

2. 算术运算符

算术运算符是在两个表达式上执行数学运算，这两个表达式可以是数值类型的任何数据类型，如 datetime、money 和 numeric 等。算术运算符包括：加（+）、减（-）、乘（*）、除（/）和取模（%）。

3. 赋值运算符

赋值运算符是 "="。赋值运算符在列标题和列定义的值表达式之间建立关系，主要是将数据值赋给特定的对象。

例 3-6 给定学生表 S，如表 3-8 所示，请查询姓名为张海峰的同学的信息。

表 3-8 学生表 S

sno	name	sex	age
20170908	张海峰	男	19
20170708	李江山	男	18
20171101	王翠翠	女	18

T-SQL 语句如下：

Select * from S where name=' 张海峰 '

4. 位运算符

位运算符能在整型或二进制数据之间执行位操作，image 数据类型除外。位运算符两边的操作数不能同时为二进制数据，必须有一个是整型数据，将结果转为整数。位运算操作数支持的数据类型包括：binary、int、smallint、tinyint、bit 和 varbinary 等。

常见的位运算符有三种：

（1）&，按位取 and，如果在任何位置的位的值为 1，则结果是 1；

（2）|，按位取 or，如果在任何位置的其中一位是 1，则结果是 1；

（3）^，按位取异或，反转位的每个位置的值。

例 3-7　Select 3 & 9，Select 3|9，Select 3^9。

分析：3 转换成二进制为 00000011，9 转换成二进制为 00001001。

按位进行 and 操作时，只有位上都为 1，结果为 1。

```
        00000011
        00001001
        ————————
        00000001
```

Select 3 & 9 的结果为 1。

按位进行 or 操作时，只要位上有一个 1，结果为 1。

```
        00000011
        00001001
        ————————
        00001011
```

Select 3 | 9 的结果为 11。

按位进行异或操作时，只有位上两者不相同（1 与 0）结果才会是 1，如果相同（1 与 1 或 0 与 0）则为 0。

```
        00000011
        00001001
        ————————
        00001010
```

Select 3 ^ 9 的结果为 10。

5. 比较运算符

比较运算符是用来比较两个表达式的大小，结果为布尔值（真 TRUE，假 FALSE），表达式可以是字符、数字或日期数据类型。常见的比较运算符有：

（1）=，等于。例如 4=3，结果为 FALSE；

（2）>，大于。例如 4>3，结果为 TRUE；

（3）<，小于。例如 4<3，结果为 FALSE；

（4）>=，大于等于。例如 4>=3，结果为 TRUE；

（5）<=，小于等于。例如 4<=3，结果为 TRUE；

（6）<>，不等于。例如 4<>3，结果为 TRUE；

（7）!=，不等于（非 SQL-92 标准）。例如 4!=3，结果为 TRUE；

（8）!<，不小于（非 SQL-92 标准）。例如 4!<3，结果为 TRUE；

（9）!>，不大于（非 SQL-92 标准）。例如 4!>3，结果为 FALSE。

例 3-8 客户信息表 Customers 如表 3-9 所示。采用比较运算符查找工资大于 5000 元的客户信息；工资等于 2000 元的客户信息；工资不等于 2000 元的客户信息。

表 3-9　客户信息表

id	name	age	salary
20170008	张云起	35	5600
20170098	李采风	23	2000
20171001	王皮皮	22	1800

T-SQL 代码如下：

```
Select * from Customers where salary > 5000;
Select * from Customers where salary= 2000;
Select * from Customers where salary != 2000
```

或

```
Select * from Customers where salary<> 2000。
```

6．逻辑运算符

逻辑运算符可以将多个逻辑表达式连接起来，逻辑运算的结果为布尔类型。常见的逻辑运算符有：

（1）all，表示所有。如果逻辑表达式的比较结果都为 TRUE，那么结果是 TRUE；

（2）and 或 &&，表示并列，如果表达式都为 TRUE，那么结果是 TRUE；

（3）any 或 some，表示任何或一些，如果逻辑表达式中任何一个为 TRUE，那么结果是 TRUE；

（4）between，表示介于，如果操作数在每个范围内，那么结果是 TRUE；

（5）exists，表示存在，如果子查询包含一些行，那么结果是 TRUE；

（6）in，表示范围操作，如果操作数等于表达式列表中的一个，那么结果是 TRUE；

（7）like，表示模式匹配，如果操作数与一种模式相匹配，那么结果是 TRUE；

（8）not 或 !，表示否定，如果任一逻辑表达式的值为 TRUE，那么结果是 FALSE；

（9）or 或 ||，表示或者，如果两个逻辑表达式中一个为 TRUE，那么结果是 TRUE。

例 3-9 客户信息表 Customers 见表 3-9。采用逻辑运算符查找年龄大于 25 岁，而且工资大于等于 3000 元的客户；查找年龄大于 25 岁，或工资大于等于 3000 元的客户；查找年龄不为空的客户；查找名字中姓"张"的客户；查找年龄在 23 和 25 岁的客户；查找年龄在 23 到 25 岁之间的客户；查找出客户表中工资多于 3500 元的客户年龄；查找所有客户表中工资大于 3500 元的年龄的客户信息。

T-SQL 代码如下：

```
Select * from Customers where age>=25 and salary>=3000;
Select * from Customers where age>=25 or salary>=3000;
Select * from Customers where age is not null;
Select * from Customers where name like ' 张 %';
Select * from Customers where age in(23,25);
Select * from Customers where age between 23 and 25;
Select age from Customers where exists (Select age from Customers where salary>3500);
Select * from Customers where age>all(Select age from Customers where salary>3500)。
```

7. 字符串串联运算符

字符串串联运算符允许通过"+"把字符串连接起来，加号被称为字符串串联运算符。例如，语句 Select 'ref'+'345'，结果为 ref345。

综上所示，在 SQL Server 2012 中，运算符的优先等级从高到低如下所示：

（1）括号：（）；

（2）位反运算符：~；

（3）乘、除、求模运算符：*，/，%；

（4）加减运算符：+（正），–（负），+（加），+（连接），–（减），&（位与）；

（5）比较运算符：=，>，<，>=，<=，<>，!=，!>，!<；

（6）位运算符：^（位异或），|（位或）；

（7）逻辑运算符：not；

（8）逻辑运算符：and；

（9）逻辑运算符：all，any，between，in，like，or，some；

（10）赋值运算符：=（赋值）。

如果优先等级相同，则按照从左到右的顺序进行运算。

3.4.6　表达式

按照连接表达式的运算符进行分类，可以将表达式分为算术表达式、比较表达式、逻辑表达式、按位表达式和混合表达式，根据表达式的作用进行分类，又将表达式分为字段名表达式、目标表达式和条件表达式。

1. 字段名表达式

字段名表达式由一个或多个字段、作用于字段的集合函数和常量的任意算数组成的运算表达式，主要有数值表达式、字符表达式、逻辑表达式和日期表达式。

2. 目标表达式

目标表达式有四种：

（1）*，表示选择相应的数据表和视图的所有字段；

（2）< 表名 >，表示选择指定的数据表和视图的所有字段；

（3）集合函数（），表示在相应的表中按集函数操作和运算；

（4）[< 表名 >.] 字段名表达式 [,[< 表名 >.]< 字段名表达式 >]…，表示按照字段名表达式在多个指定的表中选择。

3. 条件表达式

常见的条件表达式有六种：

（1）比较大小，使用比较运算符组成表达式；

（2）指定范围，（not）between…and…运算符查找字段值在或者不在指定范围内的记录，between 后面放指定范围的最小值，and 后面放指定范围的最大值；

（3）集合（not）in，查询字段值属于或不属于指定集合内的记录；

（4）字符匹配，（not）like 运算符查找字段值满足匹配字符串中指定匹配条件的记录。匹配字符串可以是一个完整的字符串，也可以包含通配符"_""%""[]"和"[^]"，"_"表示任意一个字符，"%"表示任意长度的字符串，"[]"表示括号中指定范围内的一个字符；"[^]"表示不在括号中所指定范围内的任意一个字符。

（5）空值 is（not） null，表示查找字段值（不）为空的记录；

（6）多重条件and 和 or, and 表达式用来查找字段值满足 and 连接查询条件的记录，or 表达式用来查询字段值满足 or 连接查询条件的任意一个记录，and 运算符的优先级高于 or 运算符。

3.5 T-SQL 流程控制语句

T-SQL 语言提供了跟其他高级语言一样的流程控制语句，包括转移语句 GOTO，顺序结构语句 begin…end，选择结构语句 if…else 和 case 语句，循环结构语句 while，批处理语句 GO，还有返回语句 return 和等待语句 waitfor 等。

3.5.1 顺序结构语句

顺序结构语句的语法格式：

```
begin       -- 语句块的开始
{语句|语句块 } -- 一条或多条 T-SQL 语句
end         -- 语句块的结束
```
注意 begin 和 end 可以成对出现。

3.5.2　选择结构语句

单分支选择结构语句的语法格式：

```
if 逻辑表达式
{ 语句 | 语句块 }
[else
{ 语句 | 语句块 }]
```

选择结构语句按照条件控制程序执行，满足 if 条件时，则执行条件之后的 T-SQL 语句或语句块；否则，就执行 else 后面的语句或语句块。

例 3-10　成绩表 KC 如表 3-10 所示，求出学号为 20170008 学生的平均成绩，如果该学生的平均成绩大于或等于 60，则输出"通过"的信息。

表 3-10　成绩表 KC

sno	kno	score
20170008	2	78
20170008	1	90
20171001	3	85

T-SQL 代码如下：

```
if (Select avg(score) from KC where sno='20170008')>=60
begin
    print ' 通过 '
end
```

多分支选择结构语句为 case 语句，有两种格式：

（1）简单 case 表达式将某个表达式与一组简单表达式进行比较来确定结果。语法格式如下：

```
case < 表达式 >
  when < 表达式 > then < 表达式 >
  ...
  when < 表达式 > then < 表达式 >
  [else < 表达式 >]
end
```

该语句执行过程是：将 case 语句后面的表达式的值与各个 when 语句后的表达式的值进行比较，如果二者相等，则返回 then 后的表达式的值，然后跳出 case 语句，否则返回 else 后面的表达式的值。else 语句后面是可选项，当不存在 else 语句时，返回 null。

（2）case 搜索表达式计算一组逻辑表达式来确定结果。语法格式如下：

```
case
  when < 条件表达式 > then < 表达式 >
  ...
  when < 条件表达式 > then < 表达式 >
  [else < 表达式 >]
end
```

该语句的执行过程是：先测试 when 后的表达式的值，如果值为真，则返回 then 后面的表达式的值，否则测试下一个 when 后的表达式的值；如果所有 when 后面的表达式的值为假，则返回 else 后的表达式的值；如果 case 语句中没有 else 语句，则返回 null。

例 3-11　学生表 S 如表 3-11 所示。从学生表中查找出学号和性别，如果性别为 1，则输出"男"，如果性别为 0，则输出"女"。

表 3-11　学生表 S

sno	name	sex	age
20170008	余琦岚	0	18
20170277	徐鸿星	1	18
20171023	吴玉凤	0	19

T-SQL 代码如下：

```
Select sno,name,
    case sex
        when 1 then ' 男 '
        when 0 then ' 女 '
    end
from S
```

扫码看视频

例 3-12　在例 3-10 中的成绩表 KC 中查询所有学生的成绩情况，成绩为空输出"缺考"，成绩小于 60 分输出"不及格"，成绩为 60 分到 69 分输出"及格"，成绩为 70 分到 89 分输出"良好"，成绩大于等于 90 分输出"优秀"。

T-SQL 代码如下：

```
Select sno,kno,score,
    score=case
        when score is null then ' 缺考 '
        when score<60 then ' 不及格 '
        when score>=60 then ' 及格 '
        when score>=70 then ' 良好 '
        when score>=90 then ' 优秀 '
    end
from KC
```

扫码看视频

3.5.3　循环结构语句

循环结构语句语法格式如下：

```
while 逻辑表达
    { 语句 | 语句块 }
    [break]
    { 语句 | 语句块 }
    [continue]
```

其中，break 用于退出 while 循环语句；continue 用于结束本次 while 循环，重新开始下一次循环。

例 3-13　计算 1 到 100 的累加和，要求显示为"1 到 100 的累加和为："。

T-SQL 代码如下：

扫码看视频

```
declare @i int,@sum int
Select @i=1,@sum=0
while @i<=100
  begin
    set @sum=@sum+@i
    set @i=@i+1
  end
print '1 到 100 的累加和为：'+str(@sum)
```

3.5.4　return 语句

return 语句语法格式如下：

```
return [ 整型表达式 ]
```

return 语句的作用是无条件地从过程、批或语句块中退出，在 return 之后的其他语句不会被执行。return 语句可以在过程、批或语句块中的任何位置使用，return 可以返回一个整数。

例 3-14　见例 3-11 中的学生表 S，查找学生表中姓名为"张笑天"的学生，如果找到，则输出"已找到"；如果找不到，则输出"没有找到"。

T-SQL 代码如下：

```
if not exists (Select * from S where name=' 张笑天 ')
  begin
    print "没有找到"
    return
  end
print "已找到"
return
```

3.5.5　waitfor 语句

waitfor 语句的语法格式如下：

waitfor delay ' 时间 ' | time ' 时间 '

waitfor 语句的作用是指定其后的语句在一段时间间隔后或在某一时刻继续执行。在语法格式中，delay 是指等待指定的时间间隔，最长为 24 小时；time 是指等待指定的时间点，也就是从某个时间开始执行某个操作；时间是指等待的时间，必须为 datetime 类型，不包括日期。

例 3-15　延时 10 秒后查询例 3-10 中的成绩表 KC 的信息，到下午 3 点 15 分 25 秒查询例 3-11 中的学生表 S 的信息。

T-SQL 代码如下：

```
waitfor delay '00:00:10'
use jwgl
Select * from KC
go
waitfor time '15:15:25'
use jwgl
Select * from S
```

3.5.6 GOTO 语句

GOTO 语句使程序无条件跳转到指定的程序执行点，增加了程序设计的灵活性，但是会破坏程序的结构化，使程序结构变得复杂而且难以测试。GOTO 语句的语法如下：

GOTO 语句标识符

语句的标识符可以是数字或者字母的组合，必须使用"："结束。在 GOTO 语句后的标识符不带"："。

GOTO 语句和跳转标签可以在存储过程、批处理或语句块中的任何地方使用，不能超出批处理的范围。

例 3-16 如下 T-SQL 代码，请分析输出结果。

TSQL 代码如下：

```
declare @i int;
set @i=1;
set @i=2;
set @i=3;
set @i=4;
GOTO me;
set @i=5;     -- 这行被跳过了
set @i=6;     -- 这行被跳过了
set @i=7;     -- 这行被跳过了
me:
print(' 跳到我了？ ');
print @i
```

输出结果如下：

```
跳到我了？
4
```

3.5.7 批处理语句

一个处理段是由一个或多个语句组成的一个批处理，批处理是所有语句一次性被提交到一个 SQL 实例。

批处理是分批提交到 SQL Server 实例，在不同的批处理里局部变量不可访问。

例 3-17　T-SQL 代码如下，分析输出结果。

T-SQL 代码如下：

```
declare @i int;
set @i=1;
GO        -- 分批处理
print @i    --@i 在这个批处理里未定义
```

输出结果：

```
消息 137，级别 15，状态 2，第 1 行
```

必须声明标量变量 "@i"。

在不同的批处理中，流程控制语句不能跨批处理。

例 3-18　T-SQL 代码如下，分析输出结果。

T-SQL 代码如下：

```
declare @i int;
set @i=1;
if(@i=1)
  print('1');
GO          -- 分批处理
else
  print(' 不知道 '); --else 找不到 if 了，控制流程语句不能跨批处理，因此报错
输出结果：
1
消息 156，级别 15，状态 1，第 1 行
```

关键字 else 附近有语法错误。

如果想让多个语句分多次提交到 SQL 实例，需要使用 GO 关键字。GO 关键字不是一个 SQL 语句，它是一个批处理结束的标识符，当遇到 GO 关键字时，当前 GO 之前的语句会作为一个批处理直接传到 SQL 实例执行。

3.6　SQL Server 2012 的系统函数

函数是对输入参数值返回一个具有特定关系的值，SQL Server 2012 提供了大量丰富的函数，在进行数据库管理以及数据的查询和操作时将会经常用到各种函数，让开发人员使用起来更加容易，可以减少代码量。

SQL Server 提供了三类函数：行集函数、聚合函数和标量函数。

行集函数将返回一个可用于代替 Transact-SQL 语句中表引用的对象。由于篇幅有限，行集函数在本章节不讲。

标量函数是无参函数，每个函数都有一个返回值。

常用的标量函数包括数字函数、字符串函数、日期时间函数和数据类型转换函数。

扫码看视频

3.6.1　聚合函数

聚合函数是对一组值进行计算，返回单个值。聚合函数通常会和 Select 语句的

Group by 子句一起使用。所有聚合函数都是确定性函数，除 count 外，聚合函数都会忽略空值。聚合函数任何时候使用一组特定的输入值，返回值都是相同的。

聚合函数能在以下位置作为表达式使用：

（1）Select 语句的选择列表（子查询或外部查询）；

（2）Having 子句。

T-SQL 提供的聚合函数有：

（1）avg，平均值；

（2）min，最小值；

（3）max，最大值；

（4）sum，总和；

（5）count，计数，返回 int 数据类型的值；

（6）grouping，分组；

（7）checksum_agg，返回组中各值的校验和；

（8）stdev，返回表达式中所有值的标准偏差；

（9）count_big，计数，返回 bigint 数据类型的值；

（10）stdevp，返回指定表达式中的所有值的总体标准偏差；

（11）var，返回指定表达式中所有值的方差；

（12）grouping_id，计算分组级别；

（13）varp，返回指定表达式中所有值的总体统计方差。

本节案例使用的是 SQL Server 2012 版本的 Adventure Works 数据库，该数据库在下载路径为 http://msftdbprodsamples.codeplex.com/releases/view/55330 下载 AdventureWorks2012 Data File，下载后的文件名是 AdventureWorks2012_Data.mdf。使用 SQL Server Management Studio 来附加数据库。下载的只有 AdventureWorks2012_Data.mdf 文件，没有 AdventureWorks2012_Data.log 文件，但是在附加 AdventureWorks2012_Data.mdf 文件的时候，会自动带上 AdventureWorks2012_Data.log 文件，而且显示没有 AdventureWorks2012_Data.log 文件。删除 AdventureWorks2012_Data.log 文件，最后点击"确定"按钮即可完成数据的安装。假如不删除 AdventureWorks2012_Data.log 文件，会报错。

例 3-19 使用 AdventureWorks2012 数据库，计算 Adventure Works Cycles 的副总所用的平均休假小时数以及总的病假小时数。

分析：使用 sum 和 avg 函数进行计算。对检索到的所有行，每个聚合函数都生成一个单独的汇总值。

T-SQL 代码如下：

```
Select avg(VacationHours) as 'Average vacation hours',
    sum(SickLeaveHours) as 'Total sick leave hours'
from HumanResources.Employee
where JobTitle like 'Vice President%';
```

扫码看视频

运行结果如下：

Average vacation hours	Total sick leave hours
25	97

(1 row(s) affected)

例 3-20　使用 AdventureWorks2012 数据库，对 AdventureWorks2012 数据库中的每个销售地区生成汇总值。汇总中列出每个地区的销售人员得到的平均奖金以及每个地区的本年度销售总额。

分析：搭配 Group by 子句使用 sum 和 avg 函数。当与 Group by 子句一起使用时，每个聚合函数都针对每一组生成一个值，而不是针对整个表生成一个值。

T-SQL 代码如下：

```
Select TerritoryID, avg(Bonus)as 'Average bonus', aum(SalesYTD) as 'YTD sales'
from Sales.SalesPerson
Group by TerritoryID;
GO
```

运行结果如下：

TerritoryID	Average bonus	YTD sales
NULL	0.00	1252127.9471
1	4133.3333	4502152.2674
2	4100.00	3763178.1787
3	2500.00	3189418.3662
4	2775.00	6709904.1666
5	6700.00	2315185.611
6	2750.00	4058260.1825
7	985.00	3121616.3202
8	75.00	1827066.7118
9	5650.00	1421810.9242
10	5150.00	4116871.2277

(11 row(s) affected)

例 3-21　使用 AdventureWorks2012 数据库，为 AdventureWorks2012 数据库的 HumanResources.Department 表中的每个部门提供聚合值。

分析：使用 OVER 子句，将 MIN、MAX、AVG 和 COUNT 函数与 OVER 子句结合使用。

T-SQL 代码如下：

```
Select Distinct Name
    , min(Rate) OVER (PARTITION BY edh.DepartmentID) as MinSalary
    , max(Rate) OVER (PARTITION BY edh.DepartmentID) as MaxSalary
    , avg(Rate) OVER (PARTITION BY edh.DepartmentID) as AvgSalary
    ,count(edh.BusinessEntityID) OVER (PARTITION BY edh.DepartmentID) as
    EmployeesPerDept
from HumanResources.EmployeePayHistory AS eph
join HumanResources.EmployeeDepartmentHistory as edh
    on eph.BusinessEntityID = edh.BusinessEntityID
join HumanResources.Department as d
```

```
    on d.DepartmentID = edh.DepartmentID
    where edh.EndDate is null
    order by Name;
```

运行结果如下：

Name	MinSalary	MaxSalary	AvgSalary	EmployeesPerDept
Document Control	10.25	17.7885	14.3884	5
Engineering	32.6923	63.4615	40.1442	6
Executive	39.06	125.50	68.3034	4
Facilities and Maintenance	9.25	24.0385	13.0316	7
Finance	13.4615	43.2692	23.935	10
Human Resources	13.9423	27.1394	18.0248	6
Information Services	27.4038	50.4808	34.1586	10
Marketing	13.4615	37.50	18.4318	11
Production	6.50	84.1346	13.5537	195
Production Control	8.62	24.5192	16.7746	8
Purchasing	9.86	30.00	18.0202	14
Quality Assurance	10.5769	28.8462	15.4647	6
Research and Development	40.8654	50.4808	43.6731	4
Sales	23.0769	72.1154	29.9719	18
Shipping and Receiving	9.00	19.2308	10.8718	6
Tool Design	8.62	29.8462	23.5054	6

(16 row(s) affected)

例 3-22　使用 AdventureWorks2012 数据库，返回 AdventureWorks2012 数据库的 SalesPerson 表中所有奖金值的标准偏差、总体标准偏差、方差和总体方差。

T-SQL 代码如下：

返回 AdventureWorks2012 数据库的 SalesPerson 表中所有奖金值的标准偏差：

```
Select stdev(Bonus)
from Sales.SalesPerson;
GO
```

返回 AdventureWorks2012 数据库的 SalesPerson 表中所有奖金值的总体标准偏差：

```
Select stdevp(Bonus)
from Sales.SalesPerson;
GO
```

返回 AdventureWorks2012 数据库的 SalesPerson 表中所有奖金值的方差：

```
Select var(Bonus)
from Sales.SalesPerson;
GO
```

返回 AdventureWorks2012 数据库的 SalesPerson 表中所有奖金值的总体方差：

```
Select varp(Bonus)
from Sales.SalesPerson;
GO
```

扫码看视频

3.6.2　数学函数

数字函数是对作为函数参数提供的输入值执行计算，即对数字表达式进行数学运算并返回运算结果。

常见的数学函数有：

（1）abs(n)，返回 n 的绝对值；

（2）round(n,m)，返回四舍五入的值；

（3）exp(n)，返回 n 的指数；

（4）sqrt(n)，返回 n 的平方根；

（5）rand(n)，返回 0 ～ 1 之间的随机数；

（6）power(x,y)，返回 x 的 y 次方的值；

（7）square(x)，返回 x 的平方值；

（8）log(x)，返回自然对数；

（9）log10(x)，返回 x 的基数为 10 的对数；

（10）sign(x)，返回 x 的符号，x>0 时返回 1，x=0 时返回 0，x<0 时返回 -1；

（11）radians(x)，返回 x 对应的弧度值；

（12）degrees(x)，返回 x 对应的角度值；

（13）sin(x)，返回 x 的正弦值；

（14）asin(x)，返回 x 的反正弦值；

（15）cos(x)，返回 x 的余弦值；

（16）acos(x)，返回 x 的反余弦值；

（17）tan(x)，返回 x 的正切值；

（18）atan(x)，返回 x 的反正切值；

（19）cot(x)，返回 x 的余切值。

例 3-23　分析如下 T-SQL 代码的结果：

```
Select rand()
Select exp(1),sqrt(5),abs(-5)
Select round(345.345,0),round(345.345,2),round(345.345,-2)
Select abs(-4.6),abs(0.0),abs(4.6)
```

扫码看视频

上述代码批处理运行结果如图 3-2 所示。

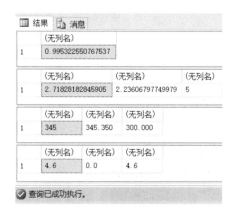

图 3-2　运行结果

例 3-24　分析如下 T-SQL 代码的结果：

```
Select power(2.0,-1), power (2.0,0), power (2.0,1)
Selecct square (-2.0), square (0), square (2.0)
Select log(1),log(exp(1))
Select log10(1),log10(10),log10(1000)
Select sign (-1), sign (0),sign(1)
Select radians(90.0), radians (180.0), radians (360.0)
Select degrees(PI()/2), degrees (PI()),degrees (PI()*2)
Select sin(PI()/2),sin(0),asin(1),asin(0)
Select cos(PI()),cos(0),acos(-1),acos(1)
Select tan(PI()/4),atan(1),cot(PI()/4)
```

运行结果如图 3-3 所示。

	(无列名)	(无列名)	(无列名)
1	0.5	1.0	2.0

	(无列名)	(无列名)	(无列名)
1	4	0	4

	(无列名)	(无列名)	
1	0	1	

	(无列名)	(无列名)	(无列名)
1	0	1	3

	(无列名)	(无列名)	(无列名)
1	-1	0	1

	(无列名)	(无列名)	(无列名)
1	1.570796326794896600	3.141592653589793100	6.283185307179586200

	(无列名)	(无列名)	(无列名)
1	90	180	360

	(无列名)	(无列名)	(无列名)	(无列名)
1	1	0	1.5707963267949	0

	(无列名)	(无列名)	(无列名)	(无列名)
1	-1	1	3.14159265358979	0

	(无列名)	(无列名)	(无列名)
1	1	0.785398163397448	1

图 3-3　运行结果

3.6.3　字符串函数

SQL Server 2012 提供了很多字符串函数，常见的字符串函数如下：

（1）substring(s,m,n)，从字符串 s 的第 m 位开始截取长度为 n 的字符串；

（2）ltrim(s)，删除字符串 s 左边的空格；

（3）rtrim(s)，删除字符串 s 右边的空格；

（4）right(s,n)，取字符串 s 右边的 n 位；

（5）left(s,n)，取字符串 s 左边的 n 位；

扫码看视频

（6）upper(s)，将字符串 s 转换成大写字母；

（7）lower(s)，将字符串 s 转换成小写字母；

（8）reverse(s)，反转字符串 s；

（9）space(n)，产生 n 个空格；

（10）stuff(s1,n1,n2,s2)，将字符串 s1 的第 n1 到 n2 位置上的字符串替换为字符串 s2；

（11）charindex(s1,s2,[m])，字符串 s1 在字符串 s2 中的起始位置；

（12）len(s)，求字符串 s 的长度；

（13）ascii(s)，返回最左端字符 ASCII 码值；

（14）char(n)，返回相同 ASCII 码值的字符。

例 3-25　使用 ltrim 函数删除字符串变量中的起始空格。

T-SQL 代码如下：

```
declare @string_trim varchar(30)
set @string_trim='    SQL Server 2012 is very good!'
Select ' 删除变量中的起始空格后的字符串为：'+ltrim(@string_trim)
```

例 3-26　有如下 T-SQL 代码，请计算出执行结果。

T-SQL 代码如下：

```
Select lower('I AM A STUDENT !')
Select upper('i am a student !')
Select 'A'+ space(2)+'B'
Select substring('HelloWorld!',6,6)
Select left('HelloWorld!' ,5)
Select right('HelloWorld!' ,6)
Select reverse('abc')
Select stuff('abcdefg',1,6,'Hello ')
Select charindex('H','elloHWorld')
```

扫码看视频

运行结果：

```
i am a student!
I AM A STUDENT!
A  B
World!
Hello
World!
cba
Hello g
5
```

3.6.4　日期时间函数

扫码看视频

日期和时间函数是对日期和时间数据进行各种不同的处理和运算，返回一个字符串、数字值或日期和时间值。常见的日期和时间函数如下：

（1）getdate()，返回系统当前日期和时间；

（2）year(d)，返回指定日期中的年；

（3）month(d)，返回指定日期中的月；

（4）day(d)，返回指定日期中的日；

（5）dateadd(d1,n,d)，给指定日期 d 加上一段时间后返回新的 datetime 值，d1 会取 year、month 或 day 中的一个，n 为数字，如 Select dateadd(day,1,'2017-3-18')，执行后返回 2017-03-19 00:00:00.000；

（6）datediff(d,d1,d2)，日期 d1 与日期 d2 的日期参数 d 部分相差的值，如 Select datediff(month,'2009-9-1',getdate())，执行后的结果为 90。

例 3-27　有如下 T-SQL 代码，请计算出执行结果：

```
Select getdate(),
year('2017-3-15'),
month('2017-2-28'),
day('2017-2-21')
```

扫码看视频

执行结果：

2017-03-18 16:22:43.053

2017

2

21

例 3-28　计算澳门回归已经有多少年、多少天？

T-SQL 代码如下：

```
Select getdate(),
datediff(year,'1999-12-20',getdate()),
datediff(day,'1999-12-20',getdate())
```

运行结果：

2017-03-18 16:27:27.340

18

6298

澳门回归已经有 18 年，6298 天。

3.6.5　数据类型转换函数

扫码看视频

SQL Server 中数据类型转换函数会自动处理某些数据类型的转换。如把 smallint 类型转换成 int 类型，把整型转换成字符串型，这就是隐式转换。但有一些类型之间转换时不能隐式转换，这时就需要数据类型转换函数来完成转换。数据类型转换函数有两个：convert 和 cast。

（1）convert(数据类型 [(长度)], 表达式 [, 样式])，样式是指日期格式样式，将 smalldatetime 或 datetime 数据转换为字符数据；或者字符串格式样式，将 float、real、money 等数据转换为字符数据；

（2）cast(表达式 as 数据类型)，将指定的表达式转换成对应的数据类型，如 Select cast(sno as char(8)) from S。

例 3-29　将当前时间日期转换为美国格式（mm/dd/yyyy 或 mm-dd-yyyy）、ANSI（yyyy.mm.dd），并将当前时间的时间部分转换为字符串。

T-SQL 代码如下：

```
Select getdate(),
convert(char(10),getdate(),101),
convert(char(10),getdate(),102)
```

扫码看视频

执行结果：

```
2017-03-18 16:40:44.093
03/18/2017
2017.03.18
```

3.7　用户自定义函数

SQL Server 用户自定义的函数，有标量函数和表值函数。表值函数又分为内联表值函数、多语句表值函数。用户自定义的函数不能用于执行一系列改变数据库状态的操作，可以像系统函数一样在查询或存储过程等的程序段中使用，也可以像存储过程一样通过 execute 命令来执行。

用户自定义函数还可以在 Microsoft SQL Server Managerment Studio 里面添加，打开 Microsoft SQL Server Managerment Studio，展开具体需要创建 SQL Server 用户自定义函数的数据库 yhf，然后找到"可编程性"选项，再展开找到"函数"选项，在具体的函数选项里面可参照图 3-4 中的方式点击鼠标右键选择来添加。

图 3-4　自定义函数界面

3.7.1 标量函数

标量函数返回一个确定类型的标量值，返回值类型是除 text、ntext、image、cursor、timestamp 和 table 类型外的数据类型。创建标量函数的格式如下：

```
Create function 函数名 ( 参数 )
returns 返回值数据类型                    -- 定义返回值数据类型
[with {encryption|schemabinding}]
[as]
begin                                    -- 函数体
   SQL 语句（必须有 return 子句）
end
```

其中，encryption 是加密选项，防止用户自定义函数作为 SQL Server 复制的一部分被发布。schemabinding 是计划绑定选项，将用户自定义函数绑定到它所引用的数据库对象。如果指定了此选项，此函数所涉及的数据库对象从此将不能被删除或修改，除非函数被删除或去掉此选项。注意，要绑定的数据库对象必须与函数在同一数据库中。

在 T-SQL 语句中调用标量函数，由标量函数所在的位置和函数名来调用标量函数，即架构名 . 对象。

例 3-30 给定两个数，找出其中较大的数。请自定义标量函数来解决这个问题。

T-SQL 代码如下：

```
Create function dbo.max
(
   @a int,
   @b int
)
returns int as
begin
 declare @max int
 if @a>@b set @max=@a
 else set @max=@b
end
```

函数调用：

```
dbo.max(54,98)。
```

3.7.2 内联表值函数

内联表值函数没有用 begin 和 end 来放函数体，返回值是一个表，由 return 子句中的 Select 命令从数据库中筛选出来。内联表值函数相当于一个参数化的视图，其语法如下：

```
Create function 函数名 ( 参数 )
returns table
[with {encryption|schemainding}]
as
return [Select 查询语句 ]
```

注意：

参数与标量型用户自定义函数相同。

在 T-SQL 中调用内联表值函数的格式为 Select * from 函数名 (参数)。

例 3-31　见例 3-11 中的学生表 S，定义内联表值函数查询学号为 "20170008" 的学生的信息。

T-SQL 代码如下：

```
Create function f(@sno char(8))
returns table
as
return
(
   Select * from S where sno=@sno
)
```

内联表值函数调用：

```
Select * from f('20170008')
```

3.7.3　多语句表值函数

多语句表值函数返回值也是一个表，函数体是在 begin 和 end 之间，返回值的表中的数据是由函数体中的语句插入的，可以实现多次查询，并可以对数据进行多次筛选和合并。多语句表值函数返回的 table 类型的结构需明确定义返回的具体字段。多语句表值函数语法如下：

```
Create function 函数名 ( 函数 )
Returns 表变量名 ( 表变量字段 )
[with {encryption|schemabinding}]
as
begin
   SQL 语句
   return
end
```

多语句表值函数调用：Select * from 函数名 (参数)。

例 3-32　现有员工表 empolyee(id,name,sex,age,did,salary)，部门表 department (did,dname)。其中各字段含义为：id 为员工编号，name 为员工姓名，sex 为员工性别，age 为员工年龄，did 为部门编号，salary 为员工工资，dname 为部门名称。请使用多语句表值函数查询出某部门的所有员工姓名，所在部门名称和工资。

T-SQL 代码如下：

```
Create function f_s ( @dname char(2) )
returns @salary table
(
name varchar(10),
```

```
        dname varchar(10),
        salary numeric(8,2)
        )
        as
        begin
            insert @salary
            Select a.name,b.bname,a.salary
            from employee a left join department b
               on a.did=b.did where b.dname=@dname
            return
        end
```

调用函数：

```
        Select * from f_s (' 销售 ')
```

本章小结

本章主要内容是 SQL 语言的发展、特点、组成和功能，SQL Server 数据类型，以及 T-SQL 编程基础。

SQL Server 2012 的数据类型主要包括：字符型数据、数值型数据、日期型数据和二进制数据。

SQL 语言的组成包括数据定义语言、数据操纵语言和数据控制语言。

T-SQL 的常用语言元素包括标识符、常量、变量、注释、运算符和表达式等。

T-SQL 流程控制语句包括顺序结构语句、选择结构语句和循环结构语句等。

SQL Server 2012 提供的常见函数有聚合函数、数学函数、字符串函数、日期时间函数、数据类型转换函数和用户自定义函数等。

练习三

1. 简述 T-SQL 语言的组成和功能。

2. T-SQL 语言的数据类型有哪些？

3. T-SQL 流程控制语句有哪些？

4. 输出 1000 以内能被 3 和 7 整除的数，用 T-SQL 代码描述。

5. 见例 3-11 中的学生表，查询学号为 20170008 的学生的平均分是否超过了 85 分，若超过，则输出"考出了高分"的信息；否则输出"考得一般"。请用 T-SQL 代码描述。

6. 创建一个自定义函数 fc，通过判断变量的大小，确定学生成绩的学分。当需要查看学生的课程的学分时，调用 fc 函数。

第4章

使用 SQL 语言创建和管理
数据库与基本表

本章主要内容是使用 SQL 语言创建并管理数据库与基本表，使学生通过学习熟练掌握 SQL 语言创建、管理数据库与基本表的方法。

4.1　数据库的创建与管理

　　数据库是数据库系统最基本的对象，创建数据库是创建其他数据库对象的基础。创建数据库就是确定数据库名称、文件名称、数据文件大小、数据库的字符集、是否自动增长以及如何自动增长等信息的过程。在一个 Microsoft SQL Server 实例中，最多可以创建 32767 个数据库。数据库的名称必须满足系统的标识符规则。在命名数据库时，一定要保证数据库名称简短并有一定的含义。下面我们通过完成学生成绩管理数据库、student 数据库的创建来学习如何在 SSMS 中创建数据库。在 SQL Server 2012 中创建数据库主要有两种方法：使用 SQL Server Management Studio 和使用 SQL 语言。

4.1.1　SQL Server 数据库的构成

　　SQL Server 数据库分为两类：系统数据库和用户数据库。当安装完成后系统会自动创建 5 个系统数据库，其中 4 个在 SQL Server Management Studio 环境中可见（master、model、tempdb、msdb），还有 1 个逻辑上不单独存在的、隐藏的系统数据库 Resource，如图 4-1 所示。

图 4-1　系统数据库

1．master 数据库

　　master 数据库记录 SQL Server 2012 的所有的服务器系统信息、注册账户和密码，以及所有的系统设置信息等大量对系统至关重要的信息，是系统的关键性所在，所以一旦受到破坏，可能会导致整个系统的瘫痪。

2．model 数据库

　　model 数据库为用户提供了模板和原型，包含了每一用户数据库所需要的系统表。它的定制结构可以被更改，因为每当用户创建新的数据库时，都是复制 model 数据库的模板，所以 model 数据库所做的所有更改都将反映到用户数据库当中。

3．msdb 数据库

　　此数据库供 SQL Server 代理程序调度报警和作业调度等活动。

4. tempdb 数据库

此数据库保存所有的临时性表和临时存储过程，并满足任何其他的临时存储要求。tempdb 数据库是全局资源，在每次启动时都重新创建，因此该数据库在系统启动时总是空白的。

5. Resource 数据库

Resource 数据库是一个只读的数据库，它包含了 SQL Server 2012 中所有系统对象。系统对象在物理上保存在 Resource 数据库文件中，在逻辑上显示在每个数据库的 sys 架构中。

扫码看视频

4.1.2　创建数据库

1. 使用 SQL 语句创建"学生成绩管理"数据库

使用 Create Database 语句创建数据库的语法如下所示：

扫码看视频

```
Create Database CommonFiles_DB
on
primary -- 关键字 primary，即这个为主数据文件
(
NAME =COMMONFILE,
FILENAME='F:\wlzmssql\commonfiles.mdf',
SIZE=10,
MAXSIZE= 100,
FILEGROWTH=10
),
(
NAME=commonfile_ex,
FILENAME='F:\wlzmssql\commonfiles_ex.ndf',
SIZE=10,
MAXSIZE=100,
FILEGROWTH=10
),
(
NAME= commonfile_expect,
FILENAME='F:\wlzmssql\commonfiles_expect.ndf',
SIZE=10,
MAXSIZE=100,
FILEGROWTH=10
)
log on -- 多个日志文件
(
NAME =COMMONFILE,
FILENAME='F:\wlzmssql\commonfiles.ldf',
SIZE=10,
```

```
MAXSIZE= 100,
FILEGROWTH=10
),
(
NAME =COMMONFILE_ex,
FILENAME='F:\wlzmssql\commonfiles_ex.ldf',
SIZE=10,
MAXSIZE= 100,
FILEGROWTH=10
)
GO
```

各参数说明如下：

（1）on：指明数据文件的明确定义。

（2）CommonFiles_DB 数据库的名称，最长为 128 个字符。

（3）primary：该参数在主文件组中指定文件。若没有指定 primary 关键字，该语句中列的第一个文件成为主数据文件。

（4）log on：指明事务日志文件明确定义。

（5）NAME：指定数据库的逻辑名称。这是在 SQL Server 系统中使用的名称，是数据库在 SQL Server 中的标识符。

（6）FILENAME：指定数据库在操作系统文件中的文件名称和路径。该文件名和逻辑名称 NAME 一一对应。

（7）SIZE：指定数据库的初始容量大小。

（8）MAXSIZE：指定操作系统文件可以增长到的最大尺寸。如果没有指定，文件可以不断增长，直到充满磁盘。

（9）FILEGROWTH：指定文件每次增加容量的大小。当指定数据为"0"时，表示文件不增长。

> 注意：
>
> SQL 语句中命令可用英文大写，也可用英文小写，没有区别，原则上一般命令用大写，其他小写。

例 4-1　创建学生成绩管理数据库。该数据库的主数据文件逻辑名称为"学生成绩管理"，物理名称为"学生成绩管理 .mdf"，初始大小为 10MB，最大尺寸为无限大，增长速度为 10%；数据库的日志文件逻辑名称为"学生成绩管理 _log"，物理文件名为"学生成绩管理 .ldf"，初始大小为 1MB，最大尺寸为 5MB，增长速度 1MB。

```
Create Database 学生成绩管理
on
( NAME = 学生成绩管理 ,
FILENAME = 'D:\ 学生成绩管理 .mdf,
SIZE = 10,
```

扫码看视频

```
MAXSIZE= unlimited,
FILEGROWTH = 10%
)
log on
( NAME = 学生成绩管理 _Log,
FILENAME = 'D:\ 学生成绩管理 .ldf',
SIZE = 1,
MAXSIZE=5,
FILEGROWTH =1
)
```

说明：在这个实例中，学生成绩管理数据库包含一个主数据文件和一个日志文件。

2. 继续操练

例 4-2　使用 SQL 语句创建 student 数据库。创建一个指定多个数据文件和日志文件的数据库，名为 student，其中 1 个 10MB 和 1 个 20MB 的数据文件以及 2 个 10MB 的事务日志文件。数据文件逻辑名称为 student1 和 student2，物理文件名为 student1.mdf 和 student2.ndf。主数据文件是 student1，由 primary 指定；辅数据文件 student2 属于文件组 filegroup2，两个数据文件的最大尺寸分别为无限大和 100MB，增长速度分别为 10% 和 1MB。事务日志文件的逻辑名称为 studentlog1 和 studentlog2，物理文件名为 studentlog1. ldf 和 studentlog2.ldf，最大尺寸均为 50MB，文件增长速度为 1MB。

分析：与例 4-1 不同的是，本例多了一个文件组及辅数据文件。

具体实现如下所示：

```
Create Database student
on primary
( NAME = student1,
FILENAME = 'd:\student1.mdf',
SIZE = 10,
Maxsize=unlimited,
FILEGROWTH = 10%),
FileGroup filegroup2
(NAME =student2,
FILENAME = 'd:\student2.ndf',
SIZE = 20,
Maxsize=100,
FILEGROWTH = 1)
log on
(NAME = studentlog1,
FILENAME = 'd:\studentlog1.ldf',
maxsize = 50,
FILEGROWTH = 1),
(NAME = studentlog2,
FILENAME = 'd:\studentlog2.ldf',
maxsize = 50,
FILEGROWTH = 1)
```

扫码看视频

说明：一个数据库可以包含多个辅数据文件，可以用文件组将一些指定的数据文件组合在一起。这个实例中，student 数据库包含一个主数据文件（student1.mdf）、一个辅数据文件（student2.ndf）和两个日志 文件（studentlog1.ldf、studentlog2.mdf），其中辅数据文件 student2.ndf 是文件组 filegroup2 的成员。

4.1.3　删除数据库

当某个数据库不需要时，我们可以将它从服务器中删除，即将它从服务器磁盘中全部移除。删除后，磁盘中的数据文件以及事务日志文件也就没有了。若数据库正在使用则无法删除。在 SQL Server 2012 中删除数据库有两种方法：使用 SQL Server Management Studio 和使用 SQL 语言。

用 SQL 语言删除数据库，可以从 SQL Server 中一次删除一个或多个数据库，其语法格式如下：

  Drop Database database_name [,database_name…]

例 4-3　删除名为 student 的数据库。

使用 SQL 语言的 Drop Database 语句删除 student 数据库，具体实现如下所示：

  Drop Database student

扫码看视频

4.1.4　修改数据库

通过前面的学习，我们已经掌握了数据库的创建方法。那么如何重命名数据库，如何修改数据库大小、名称和属性，如何删除数据库和查看数据库状态及信息，这些都是本学习任务要学习的内容。

1．重命名数据库

重命名数据库，使用系统存储过程 sp_renamedb。

（1）语法格式：

  Exec sp_renamedb ' 原数据库名 ',' 新数据库名 '

（2）应用

例 4-4　使用系统存储过程 sp_renamedb 重命名数据库：把"studentdatabase"数据库的名称改为 student 的语句如下：

  Exec sp_renamedb 'studentdatabase', 'student'

扫码看视频

2．修改数据库中文件的容量

修改数据库中文件的容量，语法如下：

  Alter Database 数据库名
  Modify file
  (NAME= 逻辑文件名 ,
  Size= 大小

```
[,MAXSIZE= 最大容量 ,
FILEGROWTH= 增长速度 ]
)
```

注意：

重新指定的数据库分配空间必须大于现有空间，否则不会对该文件的大小进行修改并提示出错信息。

例 4-5 　修改"学生成绩管理"数据库，把原有的"学生成绩管理"文件的初始容量增加到 15MB，并将其容量上限增加到 25MB，递增量加到 2MB。

使用 SQL 语言的 Alter Database 语句修改"学生成绩管理"数据库，具体实现如下所示：

```
Alter Database 学生成绩管理
Modify file
 (NAME= 学生成绩管理 ,
SIZE=15MB,
MAXSIZE=25MB,
FILEGROWTH=2MB)
```

扫码看视频

3. 修改数据库、添加文件

修改数据库，为其添加文件，格式如下：

```
Alter Database  database_name
Add [log] file
(NAME= 逻辑文件名 ,
FILENAME=' 物理文件名 '
[,SIZE= 大小 ,
 MAXSIZE= 最大容量 ,
 FILEGROWTH= 增长量 ]
) [TO FILEGROUP 文件组名 ]
```

例 4-6 　修改 student 数据库，添加一个数据文件和一个日志文件，数据文件的逻辑文件名为 student3_dat，物理文件名为 student3_dat.ndf，日志文件的逻辑文件名为 student3_log，实际文件为 student3_log.ldf。这 2 个文件的初始容量为 5MB，最大容量为 10MB，大小递增量为 1MB（修改前，先将在 SSMS 中增添的数据文件和日志文件删除）。

具体实现代码如下所示：

```
Alter Database student
Add file
(NAME =student3_dat,
FILENAME= 'd:\ student3_dat.ndf ',
Size=5MB,
MAXSIZE=10MB,
FILEGROWTH=1MB
)
GO
```

扫码看视频

```
Alter Database student
Add log file
( NAME = student3_log,
FILENAME= 'd:\ student3_log.ldf',
Size=5MB,
MAXSIZE=10MB,
FILEGROWTH=1MB
)
GO
```

4. 修改数据库，添加文件组

修改数据库，为其添加文件组的格式如下：

> Alter Database 数据库名
> Add Filegroup 文件组名

5. 修改数据库，删除文件

修改数据库，进行删除文件的格式如下：

> Alter Database 数据库名
> Remove File 文件名

4.2　基本表的创建与管理

建好数据库之后，接下来要确定在数据库中创建哪些表。表是包含数据库中所有数据的数据库对象。数据在表中由行和列构成，行被称为记录，是组织数据的单位，每行代表唯一的一条记录；列被称为字段，每一列表示一条记录的一个属性。在表 4-1 中，每一行代表一个学生，各列分别表示学生的详细资料，如学号、姓名、性别、专业、出生年月、家庭地址、联系电话和总学分等。

表 4-1　学生信息表

学号	姓名	性别	专业	出生年月	家庭住址	联系电话	总学分
01000101	周建明	男	应用电子	1991-07-22	杭州文化路 1 号	13512784563	62
01000102	董明山	男	应用电子	1992-01-17	金华光明路 2 号	13645785214	58
01000103	钱鑫鑫	男	应用电子	1994-03-25	温州学东路 5 号	13758451245	60
01000104	孙倩丽	女	应用电子	1993-01-05	杭州西湖路 8 号	13654782536	62
01000105	郑海洋	男	应用电子	1992-05-07	北京中联路 5 号	13215784587	60

在表中，行的顺序可以是任意的，列的顺序也可以是任意的，对于每一个表，最多允许用户定义 1024 列。在同一个表中，列名必须是唯一的，即不能有名称相同的两个或两个以上的列同时存在于一个表中，同时在定义列时还需为每一列指定一种数据类型。但是在同一个数据库的不同表中，可以使用相同的列名。

4.2.1　定义表及约束

1. SQL 创建表的语法

```
Create Table 表名
( 列名 1 数据类型 [ 是否为空 ] [ 约束 ] [ 自动编号 ],
  …
  列名 n 数据类型 [ 是否为空 ] [ 约束 ] [ 自动编号 ] )
```

说明：

表名：为新建表的名称；

列名：为新建表中列的名称；

是否为空：即允许字段值是否为空。空是 null，非空则为 not null，默认是 null；

约束：[constraint 约束名] 约束；

约束分为主键约束、外键约束、检查约束、默认值约束、唯一性约束等。

自动编号：即 identity，自动标识编号。

例 4-7　用 SQL 语句完成课程表（用来存储课程的基本信息）的创建。

在查询编辑窗口输入代码：

```
Use 学生成绩管理
GO
Create Table 课程表
( 课程号 char(9) not null,
  课程名 varchar(50) not null,
  学时 int not null constraint Ch_1 check ( 学时 >=0),
  学分 int not null check ( 学分 >=0),
  备注 text,
  constraint PK_kh primary key( 课程号 )
)
```

说明：

➢　学时 int not null constraint Ch_1 check (学时 >=0)，说明对学时进行检查约束，约束名为 Ch_1；同理，学分也是一样进行检查约束，只不过约束名由系统默认。请注意 (学分 >=0) 是需要加括号的。

➢　constraint PK_kh primary key(课程号) 是设置课程号为主键，主键可以定义在列级上，也可以定义在表级上，如本例。同理，其他约束也是如此。

例 4-8　用 SQL 语句完成选课表（用来存储学生的选课情况及成绩）的创建。

```
Use 学生成绩管理
GO
Create Table 选课表
( 学号 char(9) not null ,
  课程号 char(9) not null constraint FK_1 foreign key references 课程表 ( 课程号 ),
  成绩 float Null,
  constraint ch_cj check( 成绩 >=0 and 成绩 <=100),
  constraint PK_xh1 primary key( 学号 , 课程号 ),
  constraint FK_2 foreign key( 学号 ) references 学生表 ( 学号 )
)
```

扫码看视频

说明:

➢ 课程号 char(9) not null constraint FK_1 foreign key references 课程表 (课程号)，表示外键约束名为 FK_1，选课表中的课程号参照课程表中的课程号，是定义在列上的。

➢ constraint FK_2 foreign key(学号) references 学生表 (学号)，表示外键约束名为 FK_2，选课表中的学号参照学生表中的学号，是定义在表级上的。

➢ constraint PK_xh1 primary key(学号，课程号)，表示主键约束名为 PK_xh1，是学号与课程号的联合主键。注意，对复合约束，一定要定义在表级上。

2. 约束

约束是 SQL Server 2012 提供的自动保持数据库完整性的一种方法，它通过限制列中数据、记录中数据和表之间的数据来保证数据的完整性。在 SQL Server 2012 中有 6 种约束：空值约束、默认约束、主键约束、唯一性约束、检查约束和外键约束。本节只介绍空值约束、主键约束和唯一性约束。

扫码看视频

（1）空值约束

空值约束是指是否允许该列的值为 null。当某一列的值一定要输入才有意义的时候，应设置为 not null。空值（null）约束只能用于定义列约束。

创建空值约束的操作方法如下:

[constraint < 约束名 >][null|not null]

（2）主键约束

primary key 约束用于定义基本表的主键，它是唯一确定表中每一条记录的标识符，其值不能为 null，也不能重复。主键既可用于列约束，也可用于表约束。

创建主键约束的方法如下:

[constraint < 约束名 >] primary key [(列名 [,…n])]

（3）唯一性约束

唯一性约束用于指定一个或者多个列的组合值具有唯一性，以防止在列中输入重复的值。定义了 unique 约束的那些列称为唯一键，系统自动为唯一键建立唯一索引，从而保证了唯一键的唯一性。

当使用唯一性约束时，需要考虑以下几个因素：使用唯一性约束的列允许为空值。一个表中可以允许有多个唯一性约束。可以把唯一性约束定义在多个列上。唯一性约束用于强制在指定列上创建一个唯一性索引。

创建唯一性索引的方法如下:

[constraint < 约束名 >] unique [(column_name)[,…n]]

说明：虽然主键约束与唯一性约束都是通过建立唯一索引来保证基本表在主键列取值的唯一性，但它们之间有着较大的区别:

1）在一个基本表中只能定义一个主键约束，但可定义多个唯一性约束。

2）对于指定为主键的一个列或多个列的组合，其中任何一个列都不能出现空值，而对于唯一性约束的唯一键，则允许为空。

3）一般创建主键约束时，系统会自动产生索引，索引的缺省类型为聚集索引，创建唯一性约束时，系统会自动产生一个唯一索引，索引的缺省类型为非聚集索引。

二者的相同点在于：二者均不允许表中对应字段存在重复值。

4.2.2　修改表结构

1. 修改数据表基本语句格式

```
Alter Table 表名
[ Alter Column  列名  新数据类型 ]          -- 修改列属性
[ Add 列名  数据类型 [ 完整性约束 ] ]        -- 添加列
[ Drop Column 列名 ]                      -- 删除列
[ Drop 完整性约束名 ]                      -- 删除约束
```

说明：

➢　Alter Column　列名　新数据类型，表示修改列属性。

➢　Add 列名　数据类型 [完整性约束]，表示增添一列。

➢　Drop Column 列名，表示删除一列。

➢　Drop 完整性约束名，表示删除约束。

例 4-9　将授课表中的开课时间的数据类型修改为 Datetime。

在查询编辑器中输入并执行：

```
Alter Table 授课表
Alter Column 开课时间 datetime
```

扫码看视频

2. 应用

（1）修改列属性

修改列属性格式如下：

```
Alter Table 表名
Alter Column 列名 新数据类型
```

例 4-10　将授课表中的开课时间的数据类型修改为 Smalldatetime。

在查询编辑器中输入并执行如下语句：

```
Alter Table 授课表
Alter Column 开课时间 Smalldatetime
```

（2）添加列

扫码看视频

添加列格式如下：

```
Alter Table 表名
Add 字段名  数据类型 [ 约束 ]
```

例 4-11　在授课表中添加一个字段：开课地点，varchar(30) null。

在查询编辑器中输入并执行如下语句：

```
Alter Table 授课表
Add 开课地点 varchar(30) null
```

> **注意：**
>
> 添加的字段要设置为空值，如果不是空值，则添加的列具有指定的 default 定义，或者要添加的列是标识列或时间戳列。

例 4-12 在"课程表"中添加一个字段：序号 Smallint not null，标识种子为 1，增量为 1，且是唯一约束。

```
Alter Table 课程表
Add 序号 smallint Not null identity (1,1) constraint un_1 unique
```

扫码看视频

> **注意：**
>
> identity (1,1)，表示添加的序号设置了标识列。

（3）删除列

删除列格式如下：

```
Alter Table 表名
Drop Column 字段名
```

例 4-13 将课程表添加的字段"开课地点"删除。

在查询编辑器中执行如下语句

```
Alter Table 授课表
Drop Column 开课地点
```

扫码看视频

> **注意：**
>
> 当删除的列上有约束时，则需要删除约束后，再删除列。例如，要删除在例 4-12 中添加的字段"序号"，则要删除其唯一性约束，然后才能删除该列。

即先执行：

```
Alter Table 课程表
Drop Constraint un_1
```

再执行：

```
Alter Table 课程表
Drop Column 序号
```

（4）添加约束

添加约束格式如下：

```
Alter Table 表名
Add 约束
```

例 4-14 将教师表中的"职称"默认为"讲师"，默认名为 de_2。

```
Alter Table 教师表
Add Constraint de_2 default ' 讲师 ' for 职称
```

例 4-15 将课程表中的"学分"默认为：4。

```
Alter Table 课程表
```

扫码看视频

Add Default 4 for 学分

> **注意:**
>
> 例 4-14 与例 4-15 的区别是一个指定了默认约束名,一个没有指定,由系统默认。

（5）删除约束

删除约束格式如下:

  Alter Table 表名

  Drop [Constraint] 约束名

例 4-16　将例 4-14 中添加的默认约束 de_2 删除。

  Alter Table 教师表

  Drop Constraint de_2

为了加强添加约束和删除约束的技能,下面再进行强化训练。

例 4-17　将"选课表"中的联合主键 PK_xh1 删除。

  Alter Table 选课表

  Drop Constraint PK_xh1

例 4-18　添加"选课表"中的学号、课程号的联合主键 PK_xh1。

  Alter Table 选课表

  Add Constraint PK_xh1 primary key(学号 , 课程号)

例 4-19　将选课表中的外键 FK_1 删除。

  Alter Table 选课表

  Drop Constraint FK_1

例 4-20　将例 4-19 中删除的"选课表"中的外键 FK_1 添加。

  Alter Table 选课表

  Add Constraint FK_1 foreign key(学号) references 学生表 (学号)

例 4-21　在"学生表"中为联系电话建立唯一约束 UN_2。

  Alter Table 学生表

  Add Constraint UN_2 unique(联系电话)

扫码看视频

4.2.3　删除表

删除表格式如下:

  Drop Table 表名 1[, 表名 2]

删除表名 1,表名 2。

例 4-22　将"授课表"删除。

在查询编辑器中执行如下语句并执行:

  Drop Table 授课表

说明:为了不影响后面的学习,实际操作中可不执行此语句。

例 4-23　将"学生表""选课表"删除。

在查询编辑器中执行如下语句并执行:

扫码看视频

Drop Table 学生表，选课表

本章小结

　　本章主要介绍了使用 SQL 语句进行数据表的创建、管理及数据的插入、删除、修改。其中，用 SQL 语句创建和管理数据表是本章的难点，特别是几个约束的设置。通过本章的学习，读者应该掌握在 SQL Server 2012 中，如何创建、修改、查看、删除表和操作表中的数据；应了解索引的类型，掌握索引的创建；了解数据完整性的概念和类型，掌握其实现方法。

练习四

一、选择题

1. 下面（　　）语句用来创建数据库。
   　A．Create Database　　　　　　B．Create Table
   　C．Delete Table　　　　　　　　D．Alter Table

2. 删除表的命令是（　　）。
   　A．Delete　　　B．Drop　　　　C．Clear　　　　D．Remove

3. 在 SQL 语言中，修改表结构时，使用的命令是（　　）。
   　A．Update　　　B．Insert　　　C．Alter　　　　D．Modify

4. 对表中数据的命令是（　　）。
   　A．添加记录　　B．删除记录　　C．读记录　　　D．修改记录

5. 删除表中数据的命令是（　　）。
   　A．Delete　　　B．Drop　　　　C．Clear　　　　D．Remove

6. 以下关于主键的描述正确的是（　　）。
   　A．标识表中唯一的实体　　　　　B．创建唯一的索引，允许空值
   　C．只允许以表中第一字段建立　　D．表中允许有多个主键

7. 主键约束是非空约束和（　　）的组合。
   　A．检查约束　　　　　　　　　　B．唯一性约束
   　C．空值约束　　　　　　　　　　D．默认约束

二、填空题

1. 数据库中的数据和信息都存储在 _____ 中。

2. 在 SQL Server 2012 中，创建表的方法有 _____ 和 _____。

3．在一个表中可以设置 _____ 个主键，可以定义 _____ 个唯一性约束。

4．使用 SQL 语句管理表中的数据时，插入语句使用 _____ 、修改语句使用 _____ 、删除语句使用 _____ 。

三、简答题

1．列名的命名要求是什么？

2．简要说明空值的概念及应用。

3．试述主键约束与唯一性约束的异同点。

随手笔记

第5章

使用 SQL 语言查询和 管理数据

本章主要内容是使用 SQL 语言进行数据的查询与管理，使学生通过学习熟练掌握 SQL 语言查询与管理数据的方法。

5.1　数据更新

创建数据库和新表后，表中不包含任何记录。要想实现存储，必须向表中添加数据。本章主要介绍使用 SQL 命令完成表中记录的添加、修改和删除。

5.1.1　向表中添加数据

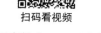
扫码看视频

随着数据库系统的实际运行，需要插入新的数据。在查询编辑器中，可以使用 Insert 语句将一行记录追加到一个已存在的表中。

例 5-1　在课程表中添加一行记录：

```
Use 学生成绩管理
GO
Insert 课程表 ( 课程号 , 课程名 , 学分 , 学时 , 备注 ) values('1001',' 数据库技术 ',4,72,' 适合
电子信息专业课程 ')
```

扫码看视频

或者：

```
Insert into 课程表 ( 课程号 , 课程名 , 学分 , 学时 , 备注 ) values('1001',' 数据库技术 ',4,72,' 适
合电子信息专业课程 ')
```

（1）格式

```
Insert  [into] 表名 [( 字段 1, 字段 2,…字段 n) ] values ( 值 1, 值 2,…值 n)
```

说明：

➤　字段数与 values 中提供的值的个数要相同，而且数据类型要一致。

➤　若给一条记录中的所有字段都提供数据，可以省略表名后的字段。

➤　用已经存在的一个表中的数据给指定的字段赋值的方法。

➤　标识列不能插入指定的数据值。

（2）应用

例 5-2　在课程表中添加一条记录：

```
1002   C 语言程序设计   4, 72   适合电子信息专业课程
```

在查询编辑器窗口中输入以下代码：

扫码看视频

```
Use 学生成绩管理
GO
Insert 课程表 values('1002','C 语言程序设计 ',4,72,' 适合电子信息专业课程 ')
```

 注意：

> 与例 5-1 不同的是，在表中为所有的字段赋值，故可以省略字段列表。

查询语句如图 5-1 所示。

例 5-3　在课程表中添加一条记录：

课程号为：2001, 课程名为：大学语文，学分为：3，学时为：60

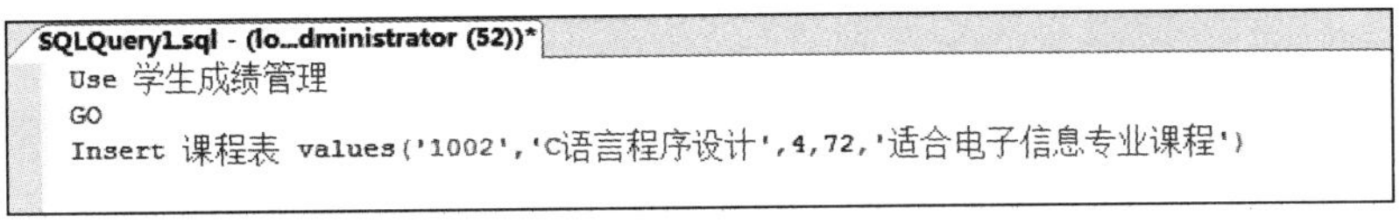

SQLQuery1.sql - (lo...dministrator (52))*
Use 学生成绩管理
GO
Insert 课程表 values('1002','C语言程序设计',4,72,'适合电子信息专业课程')

图 5-1　查询语句

扫码看视频

在查询编辑器窗口中输入以下代码并执行：

```
Use 学生成绩管理
GO
Insert 课程表 ( 课程号 , 课程名 , 学分 , 学时 ) values('2001',' 大学语文 ',3,60)
```

注意：

为表中若干字段赋值，此时不能省略表名后的字段名。

5.1.2　修改表中的数据

随着数据库系统的实际运行，有些数据会发生变化，需要修改表中的某些数据。修改表数据可以在 SSMS 界面下，也可以使用命令语句。

例 5-4　将“课程表”中课程号为“2001”的课程名改为“应用文写作”。

在查询编辑器中输入：

```
Update 课程表 set 课程名 =' 应用文写作 ' where 课程号 ='2001'
```

执行命令，提示“1 行受影响”。

说明：若修改成功，打开课程表后，数据将发生变化。

执行结果如图 5-2 所示。

扫码看视频

SQLQuery1.sql - (lo...dministrator (52))*
Update 课程表 set 课程名='应用文写作' where 课程号='2001'
消息
(1 行受影响)

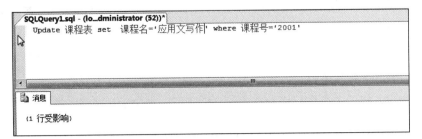

图 5-2　例 5-4 执行结果

5.1.3　删除表中的数据

当表中出现无用数据时，应该及时清理。删除表数据，可以使用 Delete 语句和 Truncate Table 语句。

扫码看视频

例 5-5　删除“课程表 1”中的所有记录。

在查询编辑器中输入以下语句：

```
Use 学生成绩管理
Go
Delete 课程表 1
```
执行命令，提示"3 行受影响"，说明 3 行记录被删除。

> **注意：**
>
> 没加 where 条件，所以将表中的记录全删除了。

（1）格式

Delete 语法格式为：

```
Delete  表名 [ where  条件 ]          -- 删除指定表中符合条件的记录
```
Truncate Table 语法格式为：

```
Truncate Table 表名                  -- 删除指定表中的所有记录
```

> **注意：**
>
> 使用 Delete 删除数据时，不能删除被外键值所引用的数据行。

（2）应用

例 5-6 删除"课程表"中课程名为"C 语言程序设计"的记录。

在查询编辑器中输入以下语句：

```
Use 学生成绩管理
GO
Delete 课程表  where  课程名 ='C 语言程序设计 '
```
执行命令，提示"1 行受影响"，说明指定行记录被删除。

扫码看视频

例 5-7 删除"课程表"中的所有记录。

在查询编辑器中输入以下语句：

```
Use 学生成绩管理
GO
Truncate Table  课程表
```

扫码看视频

执行命令，提示"命令已成功完成"，说明指定行记录被删除。查看"课程表"，显示已无记录。

> **提示：**
>
> 使用 Truncate Table 删除所有数据时，效率比 Delete 语句高。

5.2 数据的查询

数据查询是指对数据库中的数据按指定内容和顺序进行检索输出。它可以对数据源进行各种组合，有效地筛选记录、管理数据，并对结果排序；让用户以需要的方式查询数据表中的数据，控制查询数据表中的字段、记录以及显示记录的顺序等。数据查询是数据库的核心操作。

扫码看视频

5.2.1　SELECT 查询语句

查询语句格式如下：

Select　[all | distinct] [top n　[percent]]　< 选择列 >　from　< 表名 >　[where　< 条件表达式 >]

[Order by < 排序的列名 >[asc | desc]]

带有方括号的子句是可以选择的。

< 选择列 > 指所查询列，它可以由一组列名列表、星号、表达式等构成。

[all | distinct]　all 表示所有行，distinct 表示过滤重复行，默认为所有行。

[top n　[percent]] 表示返回的行数，top n 表示显示前 n 行，top n percent 表示显示前百分比行。

from　< 表名 > 对单表查询，只需给出一个表名。

where < 条件表达式 > 是筛选条件

Order by < 排序的列名 > 是对指定的列进行排序，asc 表示升序，desc 表示降序。

5.2.2　简单查询

若想查询"学生表"中专业为"应用电子"的前 5 条信息（按性别排序），查询语句格式如下：

Select top 5 学号 , 姓名 from 学生表 where 专业 =' 应用电子 ' order by 性别

5.2.3　条件查询

查询满足条件的记录用 where 子句，where 子句常用查询条件中的运算符见表 5-1。

表 5-1　常用的查询运算符

含义	运算符	含义	运算符	含义	运算符	含义	运算符
大于	>	不大于	!>	模糊查询	like not like	大于	>
大于等于	>=	不小于	!<	空值	is null	大于等于	>=
等于	=	在某一范围	between and	非空值	is not null	等于	=
小于	<	不在某一范围	not between and	非	not	小于	<
小于等于	<=	指定集合	in	并且	and	小于等于	<=
不等于	!=；<>	不属于指定集合	not in	或	or	不等于	!=；<>

扫码看视频

例 5-8 显示"学生表"中专业为"计算机应用"的学生名单。

Select * from 学生表 where 专业 =' 计算机应用 '

执行结果如图 5-3 所示。

图 5-3 例 5-8 执行结果

例 5-9 查询"选课表"中考试成绩小于 70 分的选课信息。

Select * from 选课表 where 成绩 <=70

例 5-10 查询"选课表"中考试成绩小于 70 分的同学。

Select distinct 学号 from 选课表 where 成绩 <=70

执行结果如图 5-4 所示。

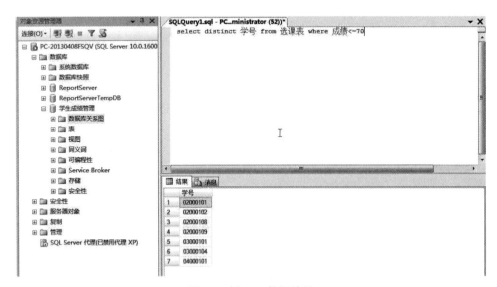

图 5-4 例 5-10 执行结果

例 5-11 显示"学生表"中"应用电子"专业男生的名单。

Select * from 学生表 where 性别 =0 and 专业 =' 应用电子 '

执行结果如图 5-5 所示。

图 5-5　例 5-11 执行结果

例 5-12　查询"学生表"中"计算机应用"专业及"应用电子"专业学生的名单。

　　Select * from 学生表 where 专业 =' 计算机应用 ' or 专业 =' 应用电子 '

还可以写成：

　　Select * from 学生表 where 专业 in(' 计算机应用 ',' 应用电子 ')

运行结果如图 5-6 所示。

扫码看视频

图 5-6　例 5-12 执行结果

5.2.4　排序子句

可以使用 Order by 子句对查询结果按照一个或多个属性列的升序（asc）或降序（desc）排序，默认为升序。如果不使用 Order by 子句，则结果集按照记录在表中顺序排序。

Order by 子句的语法格式如下：

　　Order by 列名 [asc | desc]

例 5-13　查询"学生表"中"应用电子"专业同学的信息，按出生年月降序排序。

　　Select * from 学生表 where 专业 =' 应用电子 ' Order by 出生年月 desc

执行命令，则结果如图 5-7 所示。

例 5-14　查询"学生表"中"应用电子"专业和"应用英语"专业同学的信息，要求先按性别排序（升序），再按出生年月降序排序。

　　Select * from 学生表 where 专业 in(' 应用电子 ',' 应用英语 ') Order by 性别
　　asc, 出生年月 desc

图 5-7 例 5-13 执行结果

5.2.5 使用聚合函数查询

用户经常需要对结果集进行统计，例如求和、平均、最大值、最小值、个数等，这些统计可能通过聚合函数来实现。

例 5-15 计算"选课表"中课程号为"1001"课程的最低分、最高分同学的信息。

    Select min(成绩),max(成绩) from 选课表 where 课程号 ='1001'

命令执行结果如图 5-8 所示。

这里 min()、max() 就是聚合函数，常用的聚合函数见 3.6.1 节所述。因为 min(成绩)、max(成绩) 是计算得到的列，所以显示是"无列名"，如图 5-8 所示。

可以给定一个别名：

    Select min(成绩) as 最低分 ,max(成绩) as 最高分 from 选课表 where 课程号 ='1001'

执行结果如图 5-9 所示。

图 5-8 执行结果   图 5-9 给定列名后执行结果

扫码看视频

例 5-16 查询"学生表"中"应用电子"专业和"应用英语"专业同学的信息，要求先按性别排序（升序），再按出生年月降序排序。

Select * from 学生表 where 专业 in(' 应用电子 ',' 应用英语 ') Order by 性别 asc, 出生年月 desc

其中："Order by 性别 asc, 出生年月 desc"表示是先按性别升序，再按出生年月降序排序。

5.2.6 汇总查询

例 5-17 查询每个同学的最高分、最低分、平均分情况。显示：姓名、最高分、最低分、平均分。

    Select 姓名 ,max(成绩) as 最高分 ,min(成绩) as 最低分 ,avg(成绩) as 平均分 from 学生表 ,
    选课表 where 学生表 . 学号 = 选课表 . 学号 Group by 姓名

例 5-18 查询每个同学的最高分、最低分、平均分情况。显示：姓名、学号、最高分、最低分、平均分。

Select 姓名 , 学生表 . 学号 ,max(成绩) as 最高分 ,min(成绩) as 最低分 ,avg(成绩) as 平均分 from 学生表 , 选课表 where 学生表 . 学号 = 选课表 . 学号 Group by 姓名 , 学生表 . 学号

扫码看视频

5.2.7 连接查询

涉及二个或二个以上表的查询称作多表连接查询，简称连接查询。连接查询有：内连接、外连接等等。

Select 表列 from 表 1 [inner] join 表 2 on 条件 [join 表 3 on 条件…]

意思是：对"表 1"和"表 2"等按指定条件进行连接，显示的表列由自己定，若将"表 1""表 2"等所有的列都显示，则用"*"表示。

例 5-19 查询每个同学的选课情况。

Select * from 学生表 inner join 选课表 on 学生表 . 学号 = 选课表 . 学号

例 5-20 查询每个同学的成绩情况。结果表中显示：学号、姓名、课程号、成绩。

Select 学生表 . 学号 , 姓名 , 课程号 , 成绩 from 学生表 inner join 选课表 on 学生表 . 学号 = 选课表 . 学号

或写成：

select a. 学号 , 姓名 , 课程号 , 成绩 from 学生表 a join 选课表 b on a. 学号 =b. 学号

例 5-21 查询每个同学的成绩情况。结果表中显示：学号、姓名、课程号、成绩。

Select a. 学号 , 姓名 , 课程名 , 成绩 from 学生表 a join 选课表 b on a. 学号 =b. 学号 join 课程表 c on b. 课程号 =c. 课程号

例 5-22 查询选修"大学英语""计算机基础"课的同学的成绩，要求显示：学号、姓名、课程名、成绩。

Select a. 学号 , 姓名 , 课程名 , 成绩 from 学生表 a join 选课表 b on a. 学号 =b. 学号 join 课程表 c on b. 课程号 =c. 课程号 where (c. 课程名 =' 大学英语 ' or c. 课程名 =' 计算机基础 ')

例 5-23 查询老师的课表信息，要求显示：教师号、教师姓名、课程名、学时、学分。

Select a. 教师号 , 姓名 , 课程名 , 学时 , 学分 from 教师表 a join 授课表 b on a. 教师号 =b. 教师号 join 课程表 c on b. 课程号 =c. 课程号

例 5-24 查询教授"大学英语""计算机基础"课的老师的信息，要求显示：教师号、教师姓名、课程名、学时、学分。

Select a. 教师号 , 姓名 , 课程名 , 学时 , 学分 from 教师表 a join 授课表 b on a. 教师号 =b. 教师号 join 课程表 c on b. 课程号 =c. 课程号 where (c. 课程名 =' 大学英语 ' or c. 课程名 =' 计算机基础 ')

扫码看视频

外连接不仅有满足连接条件的行,而且还包括其中某个表中不满足连接条件的行。

外连接包括以下几种：

左外连接（left outer join）：结果表中有满足条件的行外，还包括左表的所有行。

右外连接（right outer join）：结果表中有满足条件的行外，还包括右表的所有行。

全外连接（full outer join）：结果表中有满足条件的行外，还包括两个表的所有行。

格式：

Select 表列 from 表 1 left [outer] join | right [outer] join | full [outer] join 表 2 on 条件

其中的“outer”关键字均可省略。

例 5-25 查询所有课程被选课情况，若课程未被选修，也要包括其课程的基本情况。

```
Select * from 课程表 a left join 选课表 b  on a. 课程号 =b. 课程号
```

执行命令，执行结果如图 5-10 所示。

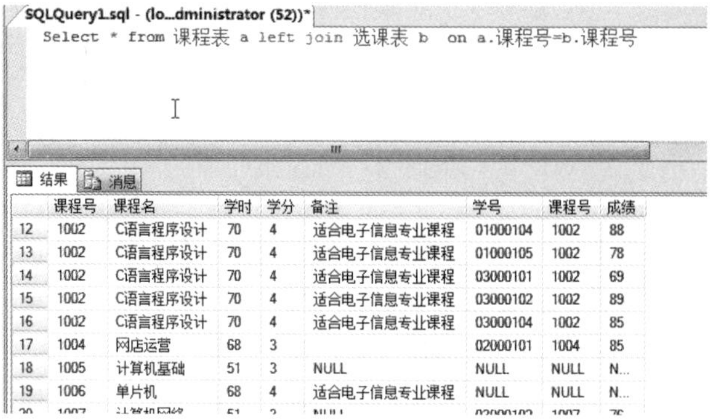

SQLQuery1.sql - (lo...dministrator (52))*

```
Select * from 课程表 a left join 选课表 b  on a.课程号=b.课程号
```

结果　消息

	课程号	课程名	学时	学分	备注	学号	课程号	成绩
12	1002	C语言程序设计	70	4	适合电子信息专业课程	01000104	1002	88
13	1002	C语言程序设计	70	4	适合电子信息专业课程	01000105	1002	78
14	1002	C语言程序设计	70	4	适合电子信息专业课程	03000101	1002	69
15	1002	C语言程序设计	70	4	适合电子信息专业课程	03000102	1002	89
16	1002	C语言程序设计	70	4	适合电子信息专业课程	03000104	1002	85
17	1004	网店运营	68	3		02000101	1004	85
18	1005	计算机基础	51	3	NULL	NULL	NULL	N...
19	1006	单片机	68	4	适合电子信息专业课程	NULL	NULL	N...

图 5-10　例 5-25 执行结果

说明：从图 5-10 可以看出，没有选修的课程的信息，像计算机基础、单片机等课程，在结果表中有关选课信息的字段值均为 null。

这样，我们就能了解到，哪些课程已有人选修，还有哪些课程无人选修。

例 5-26 查询所有学生选课情况，若学生未选修任何课程，也要包括其基本情况。

```
Select * from 学生表 a left join 选课表 b on a. 学号 =b. 学号 where a. 专
业 in(' 计算机应用 ',' 会计 ')
```

扫码看视频

执行命令，执行结果如图 5-11 所示。

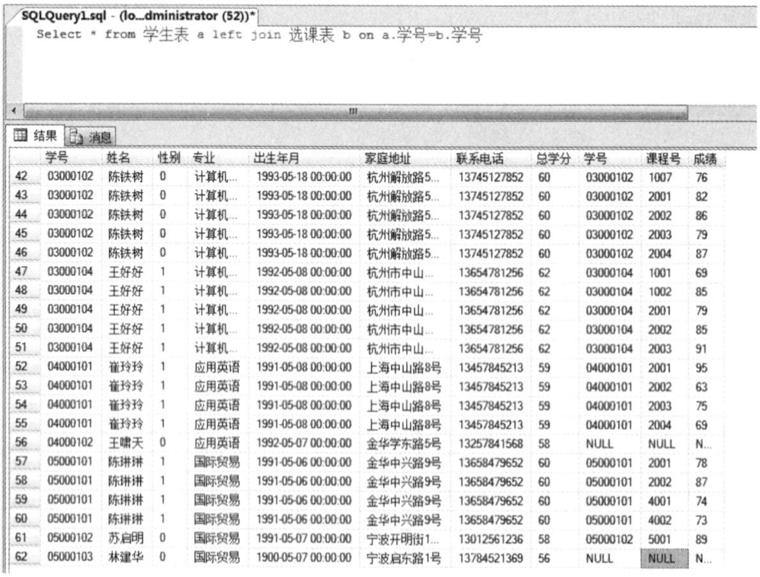

SQLQuery1.sql - (lo...dministrator (52))*

```
Select * from 学生表 a left join 选课表 b on a.学号=b.学号
```

结果　消息

	学号	姓名	性别	专业	出生年月	家庭地址	联系电话	总学分	学号	课程号	成绩
42	03000102	陈铁树	0	计算机...	1993-05-18 00:00:00	杭州解放路5...	13745127852	60	03000102	1007	76
43	03000102	陈铁树	0	计算机...	1993-05-18 00:00:00	杭州解放路5...	13745127852	60	03000102	2001	82
44	03000102	陈铁树	0	计算机...	1993-05-18 00:00:00	杭州解放路5...	13745127852	60	03000102	2002	86
45	03000102	陈铁树	0	计算机...	1993-05-18 00:00:00	杭州解放路5...	13745127852	60	03000102	2003	79
46	03000102	陈铁树	0	计算机...	1993-05-18 00:00:00	杭州解放路5...	13745127852	60	03000102	2004	87
47	03000104	王好好	1	计算机...	1992-05-08 00:00:00	杭州市中山...	13654781256	62	03000104	1001	69
48	03000104	王好好	1	计算机...	1992-05-08 00:00:00	杭州市中山...	13654781256	62	03000104	1002	85
49	03000104	王好好	1	计算机...	1992-05-08 00:00:00	杭州市中山...	13654781256	62	03000104	2001	79
50	03000104	王好好	1	计算机...	1992-05-08 00:00:00	杭州市中山...	13654781256	62	03000104	2002	85
51	03000104	王好好	1	计算机...	1992-05-08 00:00:00	杭州市中山...	13654781256	62	03000104	2003	91
52	04000101	崔玲玲	1	应用英语	1991-05-08 00:00:00	上海中山路8号	13457845213	59	04000101	2001	95
53	04000101	崔玲玲	1	应用英语	1991-05-08 00:00:00	上海中山路8号	13457845213	59	04000101	2002	63
54	04000101	崔玲玲	1	应用英语	1991-05-08 00:00:00	上海中山路8号	13457845213	59	04000101	2003	75
55	04000101	崔玲玲	1	应用英语	1991-05-08 00:00:00	上海中山路8号	13457845213	59	04000101	2004	69
56	04000102	王啸天	0	应用英语	1992-05-07 00:00:00	金华学东路5号	13257841568	58	NULL	NULL	N...
57	05000101	陈琳琳	1	国际贸易	1991-05-06 00:00:00	金华中兴路9号	13658479652	60	05000101	2001	78
58	05000101	陈琳琳	1	国际贸易	1991-05-06 00:00:00	金华中兴路9号	13658479652	60	05000101	2002	87
59	05000101	陈琳琳	1	国际贸易	1991-05-06 00:00:00	金华中兴路9号	13658479652	60	05000101	4001	74
60	05000101	陈琳琳	1	国际贸易	1991-05-06 00:00:00	金华中兴路9号	13658479652	60	05000101	4002	73
61	05000102	苏启明	0	国际贸易	1991-05-07 00:00:00	宁波开明街1...	13012561236	58	05000102	5001	89
62	05000103	林建华	0	国际贸易	1900-05-07 00:00:00	宁波启东路1号	13784521369	56	NULL	NULL	N...

图 5-11　例 5-26 执行结果

说明：从图 5-11 可以看出，没有选修过任何课程的同学，则结果表中有关选课表中信息的字段值为 null。比如王啸天、林建华同学没有选课。

5.2.8　子查询

例 5-27　查询选修了课程号为"1001"的学生信息，即结果集中显示姓名、学号等信息。

分析：在选课表中选修了课程号为"1001"的同学可能有若干个，所以用谓词 in。

在查询编辑器中输入：

Select * from 学生表 where 学号 in (select 学号 from 选课表 where 课程号 ='1001')

例 5-28　查询课程号为"1001"，分数大于等于 80 分的学生信息。在结果集中显示姓名、学号等信息。

分析：多了一个条件：分数 >=80。

Select * from 学生表 where 学号 in (Select 学号 from 选课表 where 课程号 ='1001' and 成绩 >=80)

扫码看视频

5.2.9　查询结果的合并

使用 union 子句可以将两个或多个 Select 查询的结果合并成一个结果集，其格式为：

{ <query specification> | (<query expression>) }

　union [all] <query specification> | (<query expression>)

　[unoin [all] <query specification> | (<query expression>) [···n]]

其中 query specification 和 query expression 都是 Select 查询语句。

使用 unoin 组合两个查询的结果集的基本规则是：

➢　所有查询中的列数和列的顺序必须相同。

➢　数据类型必须兼容。

例 5-29　在学生成绩管理数据库中建两个表：数学系学生、外语系学生，表结构与学生表相同，两个表分别存储数学系和外语系的学生情况，下列语句将这两个表的数据合并到学生表中。

```
Selcet *
  from XS
  union all
  Select *
    from 数学系学生
  union all
  Select *
    from 外语系学生
```

扫码看视频

5.2.10　查询结果的存储

使用 into 子句可以将 Select 查询所得的结果保存到一个新建的表中。into 子句的格式为：

　　[into new_table]

其中 new_table 是要创建的新表名。

例 5-30　由学生表创建"计算机系学生"表，包括学号和姓名。

```
Select 学号, 姓名
    into 计算机系学生
    from 学生表
    where 专业 = '计算机'
```

扫码看视频

 **本章小结**

　　查询是数据库最重要的功能，可以用于检索数据和更新数据。在 SQL Server 2012 中，Select 语句是实现数据库查询的基本手段，其重要功能是从数据库中查找出满足指定条件的记录，要用好 Select 语句，必须熟悉 Select 语句各种子句的用法，尤其是目标列和条件的构造，其中，Select 子句用于指定输出列，into 子句用于指定存入结果的新表，from 子句用于指定查询的数据源，where 子句用于指定对记录进行过滤的条件，Group by 子句用来对查询到的记录进行分组，having 子句用于指定分组统计条件，Order by 子句用于对查询到的记录排序，compute 子句用于使用聚合函数在查询的结果集中生成汇总行。

　　连接查询和子查询可能都要涉及两个或多个表，但它们是有区别的，连接查询可以合并两个或多个表中的数据，带子查询的 Select 语句的结果只能只来自一个表，子查询的结果是用来作为选择结果数据时进行参照的。有的查询既可以使用连接查询，也可以使用子查询。使用连接查询执行速度快，使用子查询可以将一个复杂的查询分解为一系列的逻辑步骤，条理较清晰。一般尽量使用连接查询。

 **练习五**

一、选择题

1. 在 SQL 中，Select 语句的"Select Distinct"表示查询结果中（　　　）。
   　A．属性名都不相同　　　　　　　　B．去掉了重复的列
   　C．行都不相同　　　　　　　　　　D．属性值都不相同

2. 与条件表达式"成绩 between 0 and 100"等价的条件表达式是（　　　）。
   　A．成绩 >0 and 成绩 <100　　　　　B．成绩 >=0 and 成绩 <=100

C．成绩 >=0 and 成绩 <100　　　　　D．成绩 >0 and 成绩 <=100

3．表示职称为副教授同时性别为男的表达式为（　　　）。

A．职称 =' 副教授 ' or 性别 =' 男 '　　　B．职称 =' 副教授 and 性别 =' 男 '

C．between ' 副教授 ' and ' 男 '　　　　D．in(' 副教授 ',' 男 ')

4．要查找课程名中含"基础"的课程名，不正确的条件表达式是（　　　）。

A．课程名 like '%[基础]%'　　　　　B．课程名 ='%[基础]%'

C．课程名 like '%[基] 础 %'　　　　　D．课程名 like '%[基][础]%'

5．模式查找 LIKE '_a%'，下面（　　　）结果是可能的。

A．aili　　　　　B．bai　　　　　C．bba　　　　　D．cca

6．SQL 中，下列涉及空值的操作，不正确的是（　　　）。

A．age is null　　　　　　　　　B．age is not null

C．age=null　　　　　　　　　　D．not(age is null)

7．查询学生成绩信息时，结果按成绩降序排列，正确的是（　　　）。

A．Order by 成绩　　　　　　　　B．Order by 成绩 desc

C．Order by 成绩 asc　　　　　　　D．Order by 成绩 distinct

8．下列聚合函数中正确的是（　　　）。

A．sum(*)　　　　　　　　　　　B．max(*)

C．count(*)　　　　　　　　　　D．avg(*)

9．在 Select 语句中，下面（　　　）子句用于对分组统计进一步设置条件。

A．Order by 子句　　　　　　　　B．into 子句

C．having 子句　　　　　　　　　D．Order by 子句

10．在 Select 语句中，下面（　　　）子句用于将查询结果存储在一个新表中。

A．from 子句　　　　　　　　　　B．Order by 子句

C．having 子句　　　　　　　　　D．into 子句

二、填空题

1．where 子句后面一般跟着 _____。

2．用 Select 进行模糊查询时，可以使用 like 或 not like 匹配符，但要在条件值中使用 _____ 或 _____ 等通配符来配合查询。

3．在课程表 kc 中，要统计开课总门数，应执行语句 Select _____ from kc。

4．SQL Server 聚合函数有最大、最小、求和、平均和计数等，它们分别是 max、_____、_____、avg 和 count。

5．having 子句与 where 子句很相似，其区别在于：where 子句作用的对象是 _____，having 子句作用的对象是 _____。

6．连接查询包括 _____、_____、_____、_____、_____ 和 _____。

7．当使用子查询进行比较测试时，其子查询语句返回的值是 _____。

三、简答题

1．试说明 Select 语句的 from 子句、where 子句、Order by 子句、Group by 子句、having 子句和 into 子句的对象。

2．like 可以与哪些数据类型匹配使用？

3．简述 compute 子句和 compute by 子句的差别。

4．什么是子查询？子查询包含几种情况？

第6章

索引和视图

本章主要内容是使用 SQL 语言创建索引和视图，使学生通过学习掌握 SQL 语言创建索引和视图的方法。

6.1 索引

索引就是加快检索表中数据的方法。数据库的索引类似于书籍的目录。在书籍中，用户查找内容可以从第一页出发，一页一页地查；也可以根据目录找到相关内容的页码，然后按照页码迅速找到内容。显然，使用目录查找内容要比一页一页地查找快很多。在数据库中查找数据，可以从表的第一行开始逐行扫描，直到找到所需信息；也可以使用索引查找数据，即从索引对象中获得索引列信息的存储位置，然后直接去其存储位置查找所需信息，不必对表逐行扫描，以便更快速地找到所需数据。例如这样一个查询：Select * from 表 1 where id=44。如果没有索引，必须遍历整个表，直到 ID 等于 44 的这一行被找到为止；有了索引之后（当然，必须是在 ID 这一列上建立的索引），直接在索引里面找 44（也就是在 ID 这一列找），就可以得知这一行的位置，再根据其地址，很快地找到这一行。也就是说，索引是用来定位的。

6.1.1 索引的概述

1. 索引的优点

为什么要创建索引呢？因为创建索引可以大大提高系统的性能。

（1）通过创建唯一索引，保证数据库表中每一行数据的唯一性。

（2）大大加快数据的检索速度。这是创建索引的最主要原因。

（3）加速表和表之间的连接，特别是在实现数据的参考完整性方面很有意义。

（4）在使用分组（Group by）和排序（Order by）子句进行数据检索时，显著减少查询中分组和排序的时间。

（5）通过使用索引，在查询的过程中使用优化隐藏器，提高系统性能。

2. 索引的不足之处

也许有人要问：既然索引有如此多的优点，为什么不对表中的每个列创建一个索引呢？这是因为，索引有许多优点，但增加索引有许多不利的方面。

（1）创建索引和维护索引要耗费时间。这种时间随着数据量的增加而增加；

（2）索引需要占用物理空间。除了数据表占用数据空间之外，每一个索引还要占用一定的物理空间。如果要建立聚集索引，需要的空间更大；

（3）当对表中的数据进行增加、删除和修改时，索引也要动态地维护，降低了数据的维护速度。

3. 应建立索引的列

索引建立在数据库表中的某些列上。因此，在创建索引时，应仔细考虑哪些列上可以创建索引，哪些列上不能创建索引。一般来说，应该在下述列上创建索引：

（1）需要经常搜索的列，可以加快搜索的速度；

（2）作为主键的列，强制该列的唯一性和组织表中数据的排列结构；

（3）经常用在连接的列。这些列主要是一些外键，可以加快连接的速度；

（4）经常需要根据范围进行搜索的列。因为索引已经排序，其指定的范围是连续的；

（5）经常需要排序的列。因为索引已经排序，查询可以利用索引的排序，缩短排序查询时间；

（6）经常需要使用在 where 子句中的列，加快条件的判断速度。

4．不应建立索引的列

同样，对于有些列，不应该创建索引。一般来说，不应该创建索引的列具有下列特点：

（1）对于在查询中很少使用的列，不应该创建索引。这是因为，既然这些列很少用到，因此有索引或者无索引并不能提高查询速度。相反，由于增加了索引，反而降低了系统的维护速度，增大了空间需求；

（2）对于那些只有很少数据值的列，也不应该增加索引。这是因为，这些列的取值很少，例如"学生表"的"性别"列，在查询的结果中，结果集中的数据行占了表中数据行的很大比例，即需要在表中搜索的数据行的比例很大，增加索引，并不能明显加快检索速度；

（3）对于那些定义为 Text、Image 和 Bit 数据类型的列，不应该增加索引。这是因为，这些列的数据量要么相当大，要么限值很少；

（4）当修改性能远远大于检索性能时，不应该创建索引。这是因为，修改性能和检索性能是互相矛盾的。增加索引时，可提高检索性能，但是会降低修改性能；减少索引时，会提高修改性能，降低检索性能。

扫码看视频

6.1.2　索引的类型

索引从以下两个方面分类：

（1）列的使用角度，分为单列索引、唯一索引、复合索引三类。

（2）从是否改变基本表中记录的物理位置角度，分为聚集索引和非聚集索引两类。

各类索引说明如下：

（1）单列索引：是对基本表的某一单独的列进行索引。通常应对每个基本表的主关键字建立单列索引。

（2）复合索引：是针对基本表中两个或两个以上列建立的索引。

（3）唯一索引：一旦在一个或多个列上建立了唯一索引，则不允许在表中相应的列上插入任何相同的取值，即唯一索引中不能出现重复的值，索引列中的数据必须是唯一的。

唯一索引可以确保所有数据行中任意两行被索引的列不包括 null 在内的重复值。

如果是复合唯一索引，此索引中的每个组合都是唯一的。

（4）聚集索引是指数据行的物理存储顺序与索引顺序完全相同。每个表只能有一个聚集索引，但是聚集索引可以包含多个列，此时复印件为复合索引。虽然聚集索引可以包含多个列，但是最多不能超过 16 个。当表中有主键约束时，系统自动生成一个聚集索引。

只有当表包含聚集索引时，表内的数据行才按一定的排列顺序存储。如果表没有聚集索引，则其数据行按堆集方式存储。

（5）非聚集索引具有完全独立于数据行的结构，它不改变表中数据行的物理存储顺序。

6.1.3 使用 SQL 语言创建索引

（1）创建索引的语法

Create［unique］［clustered | nonclustered］index 索引名
　　　on { 表名 | 视图名 } (列名 [asc | desc] [, …n])

参数说明如下：

① unique：为表或视图创建唯一索引。

② clustered：创建一个聚集索引。

③ nonclustered：创建一个非聚集索引。默认为非聚集索引。

④ [asc ｜ desc]：确定具体某个索引列的升列或降序排列方向。默认设置为 asc。

（2）应用

例 6-1 在学生成绩管理数据库中，为"课程表"创建一个基于"课程名"列的、升序的、唯一非聚集索引 Index_km。

Create unique nonclustered Index_km on 课程表 (课程名 asc)

或

Create unique index_km on 课程表 (课程名)

说明：可以省略 nonclustered 。

例 6-2 在学生成绩管理数据库中，为"教师表"创建一个基于"职称、部门"列的复合非聚集索引 Index_zcbm。其中，"职称"为升序排列，"部门"为降序排列。

Create nonclustered Index_zcbm on 教师表 (职称 asc, 部门 desc)

或

Create Index_zcbm on 教师表 (职称 , 部门 desc)

扫码看视频

6.1.4 使用 SQL 语言查看和删除索引

1. 查看索引

查看某个表中的索引情况的格式为：

[Execute] sp_helpindex 表名

例 6-3 在学生成绩管理数据库中，查看课程表中索引的信息。

> Execute sp_helpindex 课程表

或

> sp_helpindex 课程表

执行结果如图 6-1 所示。

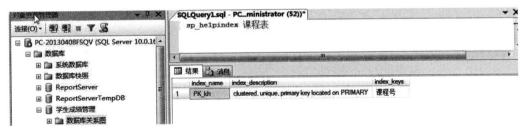

图 6-1 例 6-3 执行结果

更改某个表中的索引名的格式为：

> sp_rename '表名.老索引名', '新索引名'

例 6-4 在学生成绩管理数据库中，将"课程表"中的索引：Index_km 改名为：km_index 。

在查询编辑器中输入并执行：

> sp_rename '课程表.Index_km', 'km_index'

例 6-5 在学生成绩管理数据库中，为"教师表"中的索引：Index_zcbm 改名为：zcbm_index

在查询编辑器中输入并执行：

> sp_rename '教师表.Index_zcbm', 'zcbm_index'

2. 使用 SQL 命令删除索引

删除某个表中的索引的格式为：

> Drop index 表名.索引名

例 6-6 在学生成绩管理数据库中，删除课程表中索引：km_index。

在查询编辑器中输入并执行：

> Drop index 课程表.km_index

例 6-7 在学生成绩管理数据库中，删除教师表中索引：zcbm_index。

在查询编辑器中输入并执行：

> Drop index 教师表.zcbm_index

扫码看视频

6.2 视图

视图是关系数据库系统提供给用户以多角度观察数据库中数据的非常重要的机制。引入视图，可以使得查询更为简捷、方便，同时更加的安全。

6.2.1 视图的概述

扫码看视频

视图是一种数据库对象，可以看作定义在 SQL Server 上的虚拟表，视图正如其名字的含义一样，是一个移动的窗口，通过它用户可以方便地看到感兴趣的数据，而不需要知道底层表结构及其之间的关系。

视图是一个虚拟表，是从数据库中一个或多个表中导出来的表，也可以来自另外的视图，其内容由查询定义。同真实的表一样，视图包含一系列带有名称的行和列数据，行和列数据来自由定义视图的查询所引用的表，并且在引用视图时动态生成。对其中所引用的基本表来说，视图的作用类似于筛选。

视图由视图名和视图定义两部分组成，但是，数据库中只存储视图的定义，并不存储视图对应的数据，这些数据仍放在原来的基本表中。所以基本表中数据发生变化，从视图中查询的数据也将随之变化。

视图具有以下几个优点：

（1）能分割数据，简化结构。可以通过 Select 和 where 子句来定义视图，从而可以分割数据基表中某些用户不关心的数据，使用户把注意力集中到所关心的数据列，进一步简化浏览数据的工作。

（2）简化查询。可以将一些经常用到的查询语句定义为视图，这样避免重复编写复杂的查询语句，直接调用视图就能实现。

（3）为数据提供一定的逻辑独立性。如果为某一个基表定义一个视图，即使以后基本表的内容发生改变，也不会影响"视图定义"所得到的数据。

（4）提供自动的安全保护功能。视图能像基本表一样授予或撤消访问许可权。

（5）适当地利用视图可以更清晰地表达查询。

创建视图时要注意以下几点：

（1）视图的名称必须是唯一的，而且视图的名称不能与当前数据库中的表的名称相同。

（2）只能在当前数据库中创建视图。

（3）一个视图最多只能引入 1024 列。

（4）如果视图中某一列是函数、数学表达式、常量、或者来自多个表的相同列名，则必须为视图中的列定义名称。

（5）如果视图所基于的数据库表被删除了，那么该视图不能再使用。

6.2.2 使用 SQL 语言创建、修改和删除视图

1. 用 SQL 命令创建视图的语法格式

Create view < 视图名 > [< 列名 1>[,< 列名 2>[,…]]
[with encryption]
as 查询语句
[with check option]

扫码看视频

说明：

（1）列名：视图中所使用的列名，当视图中使用与源表（或视图）相同的列名时，不必给出列名，但在以下情况时必须指定列名：

➤　当列是从算术表达式、函数或常量派生的。

➤　两个或更多的列可能具有的相同的名称（通常是因为联接）。

➤　视图中的某列被赋予了不同于派生来源列的名称时，列名也可以在 Select 语句中通过别名指派。

（2）with encrytion：对包含 Create View 语句文本的条目进行加密。

（3）with check option：指在视图上所进行的修改都要符合查询语句所指定的限制条件，这样可以确保数据修改后仍可通过视图看到修改的数据。

（4）查询语句：用来创建视图的 Select 语句。但对 Select 语句有以下的限制：

➤　定义视图的用户必须对所参照的表或视图有查询权限，即可执行 Select 语句。

➤　不能使用 compute 或 compute by 子句。

➤　不能使用 Order by 子句。

➤　不能使用 into 子句。

➤　不能在临时表或表变量上创建视图。

例 6-8　创建一个计算机应用专业的视图：学生专业 1。

扫码看视频

分析：

有一个筛选条件：计算机应用专业。

一般在创建创视图时，首先测试查询语句是否能正确执行，测试成功后，再执行整个创建视图语句。所以先执行查询语句：

```
Select 学号 , 姓名 , 性别 , 专业 , 出生年月 , 家庭地址 , 联系电话 , 总学分 from 学生表
where 专业 =' 计算机应用 '
```

测试正确后，再输入并执行如下语句：

```
Create  View 学生专业 1
as
Select 学号 , 姓名 , 性别 , 专业 , 出生年月 , 家庭地址 , 联系电话 , 总学分 from 学生表
where 专业 =' 计算机应用 '
```

例 6-9　创建一个计算机应用专业的视图：学生专业 2，并要求进行修改和插入操作时仍需保证该视图只有计算机应用专业的学生。

扫码看视频

分析：由于要求进行修改和插入操作时仍需保证该视图只有计算机应用专业的学生，所以在创建视图时要加上：with check option。

在查询编辑器中输入并执行如下语句：

```
Create  View 学生专业 2
as
Select 学号 , 姓名 , 性别 , 专业 , 出生年月 , 家庭地址 , 联系电话 , 总学分 from 学生表 where
专业 =' 计算机应用 ' with check option
```

说明：在创建时出现了"with check option"。

➤　对"学生专业 2"视图进行插入操作时，自动检查专业是不是"计算机应用"，

若不是，拒绝该记录插入。

➢ 对"学生专业 2"视图的记录进行删除、更改操作时，自动加上：专业 =' 计算机应用 '。

例 6-10 创建所有学生学号、姓名及年龄的信息视图：stu_info。

分析：由于年龄要通过 year(getdate()-year(出生年月)) 计算得到，所以此计算列要指定列名。

先执行查询语句：

    Select 姓名 ,学号 ,year(getdate()-year(出生年月)) as 年龄 from 学生表

测试通过后，再在查询编辑器中输入并执行如下的语句：

    Create View stu_info

    as

    Select 姓名 ,学号 ,year(getdate()-year(出生年月)) as 年龄 from 学生表

说明：若对计算列不指定列名，即：

    Create View stu_info

    as

    Select 姓名 ,学号 ,year(getdate()-year(出生年月))   from 学生表

执行该语句会出现错误，如图 6-2 所示。

图 6-2 执行出现错误

例 6-11 创建年龄大于 20 的学生的学号、姓名及年龄的视图：stu_age，并保证对视图文本的修改都要符合年龄大于 20 这个条件。

分析：

增加了一个条件：年龄大于 20，且要求对视图文本的修改都要符合年龄大于 20 这个条件，所以需加入 with check option。

在查询编辑器中输入并执行如下语句：

    Create View stu_age

    as

    Select 姓名 , 学号 ,year(getdate())-year(出生年月) as 年龄 from 学生表

    where year (getdate()-year(出生年月))>20

    with check option

执行结果如图 6-3 所示。

例 6-12 创建一个视图：学生选课信息视图 1，包含学号、姓名、性别、专业、课程名、成绩等信息，并对创建的文本的条目进行加密。

扫码看视频

图 6-3　例 6-11 执行结果

分析：因为视图中包含了学号、姓名、性别、专业、课程名、成绩信息，所以要用到"学生表""选课表""课程表"，同时要对创建的文本进行加密，还需要加上with encryption。

先执行查询语句：

Select a. 学号 , 姓名 , 性别 , 专业 , 课程名 , 成绩 from 学生表 a, 选课表 b, 课程表 c
where a. 学号 =b. 学号 and b. 课程号 =c. 课程号

在保证查询语句正确后，再在查询编辑器中执行如下的语句：

Create View 学生选课信息视图 1
with encryption
as
Select a. 学号 , 姓名 , 性别 , 专业 , 课程名 , 成绩 from 学生表 a, 选课表 b, 课程表 c
Where a. 学号 =b. 学号 and b. 课程号 =c. 课程号

例 6-13　创建一个学生选课信息视图 1，包含学号、姓名、性别、专业、课程名、成绩等信息，并对创建的文本的条目进行加密。

先执行查询语句：

Select a. 学号 , 姓名 , 性别 , 专业 , 课程名 , 成绩 from 学生表 a join 选课表 b
On a. 学号 =b. 学号 join 课程表 c on b. 课程号 =c. 课程号

在保证查询语句正确后，再在查询编辑器中执行如下的语句：

扫码看视频

Create View 学生选课信息视图 1
With encryption
as
Selecct a. 学号 , 姓名 , 性别 , 专业 , 课程名 , 成绩 from 学生表 a join 选课表 b
on a. 学号 =b. 学号 join 课程表 c on b. 课程号 =c. 课程号

这样创建的视图，是对文本进行加密的，即若执行：

sp_helptext 学生选课信息视图 1

会显示"对象 ' 学生选课信息视图 1' 的文本已加密"如图 6-4 所示。

图 6-4　例 6-13 执行结果

例 6-14 创建一个"学生平均成绩视图 1"，包含学号、姓名、性别、专业、各门课的平均成绩等信息。

分析：因为视图中包含了学号、姓名、性别、专业，所以要用到"学生表"，而要显示平均成绩，则要用到"选课表"。由于平均成绩要计算得到，所以要指定列名。

扫码看视频

先执行查询语句：

> Select a. 学号 , 姓名 , 性别 , 专业 , avg(成绩) 平均成绩 from 学生表 a join 选课表 b on a. 学号 =b. 学号 Group by a. 学号 , 姓名 , 性别 , 专业

因为平均成绩前的列有学号、姓名、性别、专业，所以在分组中要体现出来，写成：Group by a. 学号 , 姓名 , 性别 , 专业。

在保证查询语句正确后，再在查询编辑器中执行如下的语句：

> Create View 学生平均成绩视图 1
>
> as
>
> Select a. 学号 , 姓名 , 性别 , 专业 , avg(成绩) 平均成绩 from 学生表 a join 选课表 b on a. 学号 =b. 学号 Group by a. 学号 , 姓名 , 性别 , 专业

视图不仅可以建立在一个或多个基本表上，也可以建立在一个或多个已定义好的视图上，或建立在基本表和视图上。

例 6-15 利用例 6-8 建立的视图"学生专业 1"及学生成绩管理数据库中的数据表，创建一个计算机应用专业并选修了 C 语言程序设计课程的学生视图。

分析：

例 6-8 建立的视图"学生专业 1"是计算机应用专业的学生，所以可以选择：学生专业 1，选课表，课程表。

扫码看视频

在查询编辑器中执行如下的语句：

> Create View 计算机应用专业 _C 语言视图
>
> as
>
> Select a. 学号 , 姓名 , 性别 , 专业 , 课程名 , 出生年月 , 家庭地址 , 联系电话 from 学生专业 1 a, 选课表 b, 课程表 c where a. 学号 =b. 学号 and b. 课程号 =c. 课程号 and 课程名 ='C 语言程序设计 '

2. 视图的修改

利用 Alter View 语句可以修改视图定义，该命令的基本语法如下：

> Alter View < 视图名 > [< 列名 1>[,< 列名 2>[,…]]
>
> [with encryption]
>
> as 查询语句
>
> [with check option]

其中，参数的含义与创建视图 Create View 命令中的参数含义相同。

例 6-16 将视图 stu_info 改为学号、姓名、性别、专业及年龄。

在查询编辑器中输入并执行如下的命令：

> Alter View stu_info
>
> as
>
> Select 姓名 , 学号 , 性别 , 专业 ,year(getdate()-year(出生年月)) as 年龄 from 学生表

例 6-17　将视图 stu_info 改名为 stu_information

在查询编辑器中输入并执行如下的命令：

> sp_rename 'stu_info','stu_information'

在执行结果中友情提示：更改对象名的任一部分都可能会破坏脚本和存储过程。

刷新对象资源管理器，可以看到视图名进行了更改。

例 6-18　将视图 stu_information 再次改名为 stu_info

在查询编辑器中输入并执行如下的命令：

> sp_rename ' stu_information ',' stu_info '

扫码看视频

3．视图的删除

删除视图的语法格式如下：

> Drop View 视图名

例 6-19　删除视图"学生专业 2"。

在查询编辑器中输入并执行如下的命令：

> Drop View 学生专业 2

扫码看视频

6.2.3　使用视图查询和更新数据

创建视图之后，可以通过视图来对基表的数据进行管理。更新视图是指通过视图来插入（Insert）、修改（Update）和删除（Delete）数据。由于视图是虚表，所以无论在什么时候对视图的数据进行管理，实际上都是在对视图对应的数据表中的数据进行管理。

对视图进行更新操作时，还要注意基本表对数据的各种约束和规则要求。

（1）创建视图的 Select 语句中没有聚合函数，且没有 top、group by、having 及 distinct 关键字。

（2）创建视图的 Select 语句的各列必须来自于基表（视图）的列，不能是表达式。

（3）视图定义必须是一个简单的 Select 语句，不能带连接、集合操作。即 Select 语句的 from 子句中不能出现多个表，也不能有 join 等。

1．在视图中插入数据

使用 Insert 语句通过视图向基本表插入数据时，如果视图不包括表中的所有字段，则对视图中那些没有出现的字段无法显式插入数据，假如这些字段不接受系统指派的 null 值，那么插入操作将失败。

例 6-20　对例 6-8 创建的视图"学生专业 1"插入一条新的记录：学号为"03000104"，姓名为"王无"，性别为"男"，专业为"计算机应用"，出生年月为"1992-05-07"，家庭地址为"杭州市中山路 35 号"，联系电话为"13545678765"，总学分为"60"。

在查询编辑器中输入：

> Insert into 学生专业 1 values('03000104',' 王无 ',0,' 计算机应用 ', '1992-05-07,' 杭州市中山路 35 号 ','13545678765',60)

等价于：

> Insert into 学生表 values('03000104',' 王无 ',0,' 计算机应用 ', 1992-05-07,' 杭州市中山路 35
> 号 ','13545678765',60)

例 6-21 给例 6-11 创建的视图 stu_age 插入一条记录：学号为"03000105"，姓名为"赵铁路"，性别为"男"，出生年月为"1990-9-8"。

在查询编辑器中输入：

> Insert into stu_age values('03000105',' 赵铁路 ',0,'1990-9-8')

执行命令，结果如图 6-5 所示，因为视图 stu_age 中的年龄是计算得到的列，所以无法插入。

图 6-5　例 6-21 执行结果

例 6-22 给例 6-12 中创建的视图"学生选课信息视图 1"插入一条记录。学号：03000104。姓名：赵铁路。性别：男。专业：计算机应用。课程名：大学英语。成绩：85 的信息。

扫码看视频

在查询编辑器中输入：

> Insert into 学生选课信息视图 1 values('03000104',' 赵铁路 ',0,' 计算机应用 ',' 大学英语 ',85)

执行命令，结果如图 6-6 所示，因为视图学生选课信息视图 1 是从多个表中导出的，所以无法插入。

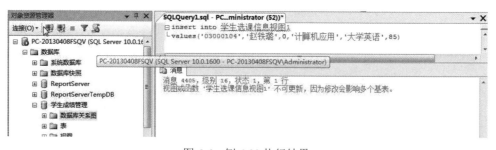

图 6-6　例 6-22 执行结果

2. 通过视图更新数据

使用 Update 语句可以通过视图修改基本表的数据。

例 6-23 对于例 6-8 创建的视图 stu_info 中学号为"03000104"的学生，将其姓名改为"王好好"。

> Update stu_info set 姓名 =' 王好好 ' where 学号 ='03000104 '

等价于：

> Update 学生表 set 姓名 =' 王好好 ' where 学号 ='03000104 '

例 6-24　将视图 stu_is 中学号为 "03000102" 的学生姓名改为 "陈军备"，其中视图 stu_is 是这样创建的：

> Create View stu_is
>
> as
>
> Select 学号 , 姓名 , 出生年月 from 学生表
>
> where 专业 =' 计算机应用 ' and 性别 =' 男 '
>
> with check option

进行修改语句为：

> Update stu_is set 姓名 =' 陈军备 ' where 学号 ='03000102'

等价于：

> Update 学生表 set 姓名 =' 陈军备 ' where 学号 ='03000102' and 专业 =' 计算机应用 ' and 性别 =0

说明：若更新视图时只影响其中一个表，同时新数据值中含有主键字，系统将接受这个修改操作。

例 6-25　将视图 stu_is_c1 中学号为 "02000102" 的学生的成绩改为 75，其中视图 stu_is_c1 是这样创建的：

> Create View stu_is_c1
>
> as
>
> Select a. 学号 , 姓名 , 专业 , 成绩
>
> from 学生表 a, 选课表 b
>
> where a. 学号 =b. 学号 and 课程号 ='1001'

扫码看视频

进行更改的命令为：

> Update stu_is_c1 set 成绩 =75 where 学号 ='02000102'

等价于：

> Update 选课表 set 成绩 =75 where 学号 ='02000102' and 课程号 ='1001'

3. 通过视图删除数据

使用 Delete 语句可以通过视图删除基本表的数据。但对于依赖多个基本表的视图，不能使用 Delete 语句。

例 6-26　删除视图 stu_is 中学号为 "03000102" 的学生记录。

> Delete from stu_is where 学号 = '03000102'

等价于：

> Delete from 学生表 where 学号 = '03000102' and 专业 =' 计算机应用 ' and 性别 =0

例 6-27　删除视图 stu_is_c1 中学号为 "03000102" 的学生记录。

> Delete from stu_is_c1 where 学号 ='03000102'

执行此命令，则出现：视图或函数 'stu_is_c1' 不可更新，因为 stu_is_c1 的创建用到了多表，修改会影响多个基表。

扫码看视频

说明：视图 stu_is_c1 是基于两个表生成的，所以不能用 Delete 语句删除。

本章小结

本章首先介绍了索引的概念、优点及如何创建管理索引，然后介绍了视图的概念、视图和数据表之间的主要区别、视图的优点等。视图作为一种基本的数据库对象，是查询一个表或多个表的一种方法，通过将预先定义好的查询作为一个视图对象存储在数据库中，就可以在查询语句中像使用表一样调用它。

 练习六

一、填空题

1. _____ 是为了确保数据表的安全性和提高数据的隐蔽性，从一个或多个表（或视图）使用 Select 语句导出的虚表。

2. 数据库中只存放视图的定义，而不存放视图对应的数据，其数据仍存放在_____ 中，对视图中数据操作实际上仍是对视图的 _____ 的操作。

3. 视图是从 _____ 和 _____ 使用 Select 语句导出的虚表。

4. 创建视图时使用 _____ 关键字，删除视图的 SQL 语句是 _____。

二、简答题

1. 视图和数据表之间的区别是什么？
2. 举例说明使用视图有哪些优缺点。
3. 简述索引的优点。

第 7 章

存储过程和触发器

　　本章主要介绍如何使用存储过程和触发器。存储过程可以使得对数据库的管理以及显示关于数据库及其用户信息的工作容易得多。存储过程是 SQL 语句的预编译集合，以一个名称存储并作为一个单元处理。触发器是一种特殊类型的存储过程，它在试图更改触发器所保护的数据时自动执行。

7.1　存储过程

7.1.1　存储过程的概述

存储过程（Stored Procedure）是预编译 SQL 语句的集合，这些语句存储在一个名称下并作为一个单元来处理。存储过程代替了传统的逐条执行 SQL 语句的方式。一个存储过程中可包含查询、插入、删除、更新等操作的一系列 SQL 语句，当这个存储过程被调用执行时，这些操作也会同时执行。

存储过程与其他编程语言中的过程类似，它可以接受输入参数并以输出参数的格式向调用过程或批处理返回多个值；包含用于在数据库中执行操作（包括调用其他过程）的编程语句；向调用过程或批处理返回状态值，以指明成功或失败（以及失败的原因）。

SQL Server 提供了 3 种类型的存储过程，各类型存储过程如下：

➤ 系统存储过程：用来管理 SQL Server 和显示有关数据库和用户信息的存储过程；

➤ 自定义存储过程：用户在 SQL Server 中通过采用 SQL 语句创建的存储过程；

➤ 扩展存储过程：通过编程语言（如 C 语言）创建外部例程，并将这个例程在 SQL Server 中作为存储过程使用。

存储过程的优点表现在以下几个方面：

（1）存储过程可以嵌套使用，支持代码重用。

（2）存储过程可以接受与使用参数，动态执行其中的 SQL 语句。

（3）存储过程比一般的 SQL 语句执行速度快。存储过程在创建时已经被编译，每次执行时不需要重新编译，而 SQL 语句每次执行都需要编译。

（4）存储过程具有安全特性（如权限）和所有权链接，以及可以附加到它们的证书。用户可以被授予权限来执行存储过程而不必直接对存储过程中引用的对象具有权限。

（5）存储过程允许模块化程序设计。存储过程一旦创建，以后即可在程序中调用任意多次，这可以改进应用程序的可维护性，并允许应用程序统一访问数据库。

（6）存储过程可以减少网络通信流量。一个需要数百行 SQL 语句代码的操作可以通过一条执行存储过程代码的语句来执行，而不需要在网络中发送数百行代码。

（7）存储过程可以增强应用程序的安全性。参数化存储过程有助于保护应用程序不受 SQL Injection 攻击。

7.1.2　使用 SQL 语言创建存储过程

在 SQL 语言中，可以使用 CREATE PROCEDURE 语句创建存储过程，其语法格式如下：

```
CREATE PROC [EDURE] procedure_name [;number]
[{@parameter data_type}
        [VARYING][=default][OUTPUT]
][,…n]
    AS sql_statement
```
CREATE PROC 语句的参数及说明如表 7-1 所示。

表 7-1　CREATE PROC 语句的参数及说明

参数	描述
CREATE PROCEDURE	关键字，也可以写成 CREATE PROC
procedure_name	创建的存储过程名称
number	对存储过程进行分组
@parameter	存储过程参数，存储过程可以声明一个或多个参数
data_type	参数的数据类型，所有数据类型均可以用作存储过程的参数，但 cursor 数据类型只能用于 OUTPUT 参数
VARYING	可选项，指定作为输出参数支持的结果集（由存储过程动态构造）
default	可选项，表明为参数设置默认值
OUTPUT	可选项，表明参数是返回参数，可以将参数值返回给调用的过程
n	表示可以定义多个参数
AS	指定存储过程要执行的操作
sql_statement	存储过程中的过程体

例 7-1　使用 CREATE PROCEDURE 语句创建一个存储过程，用来查询员工级别为 3 的员工的编号、姓名、部门编号、职位、级别。

打开 SQL Server Management Studio，并连接到 SQL Server 2012 中的数据库。

单击工具栏中的新建查询按钮，新建查询编辑器，并输入如下 SQL 语句代码：

```
CREATE PROCEDURE Proc_Employee
@Proc_Level int = 3
as
select EmployeeID, Name, DeptID, Title, EmployeeLevel
from Employee
where EmployeeLevel = @Proc_Level
```

扫码看视频

单击执行按钮就可以执行上述 SQL 语句代码，创建名为 Proc_Employee 的存储过程，如图 7-1 所示。

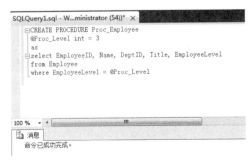

图 7-1　创建存储过程

7.1.3 执行存储过程

存储过程创建完成后，可以通过 EXECUTE 执行，可简写为 EXEC。

EXECUTE 用来执行 SQL 中的命令字符串、字符串或执行下列模块之一：系统存储过程、用户定义存储过程、标量值用户定义函数或扩展存储过程。

EXECUTE 的语法格式如下：

```
[{EXEC | EXECUTE}]
    {
        [@return_status =]
        {module_name [;number] | @module_name_var}
            [[@parameter = ]{value | @variable[OUTPUT] | [DEFAULT]}]
        [,...n]
        [WITH RECOMPILE]
    }
[;]
```

EXECUTE 语句的参数及说明如表 7-2 所示。

表 7-2　EXECUTE 语句的参数及说明

参数	描述
@return_status	可选的整型变量，存储模块的返回状态。这个变量用于 EXECUTE 语句前，必须在批处理、存储过程或函数中声明过
module_name	要调用的存储过程或标量值用户定义函数的完全限定或者不完全限定名称。模块名称必须符合标识符规则。无论服务器的排序规则如何，扩展存储过程的名称总是区分大小写
number	可选整数，用于对同名的过程分组。该参数不能用于扩展存储过程
@module_name_var	局部定义的变量名，代表模块名称
@parameter	module_name 的参数，与在模块中定义的相同。参数名称前必须加上"@"符号
value	传递给模块或传递命令的参数值。如果参数名称没有指定，参数值必须以在模块中定义的顺序提供
@variable	是用来存储参数或返回参数的变量
OUTPUT	指定模块或命令字符串返回一个参数。该模块或命令字符串中的匹配参数也必须使用关键字 OUTPUT 创建。使用游标变量作为参数时使用该关键字
DEFAULT	根据模块的定义，提供参数的默认值。当模块需要的参数值没有定义默认值并且缺少参数或指定了 DEFAULT 关键字，会出现错误
WITH RECOMPILE	执行模块后，强制编译、使用和放弃新计划。如果该模块存在现有查询计划，则该计划将保留在缓存中

例 7-2　使用 EXECUTE 执行存储过程 Proc_Employee。

SQL 语句如下：

```
exec Proc_Employee
```

使用 EXECUTE 执行存储过程的步骤如下：

打开 SQL Server Management Studio，并连接到 SQL Server 2012 中的数据库。

单击工具栏中的新建查询按钮，新建查询编辑器，并输入如下 SQL 语句代码：

```
exec Proc_Employee
```

单击"执行"按钮，就可以执行上述 SQL 语句代码，即可完成执行 Proc_Employee 存储过程，执行结果如图 7-2 所示。

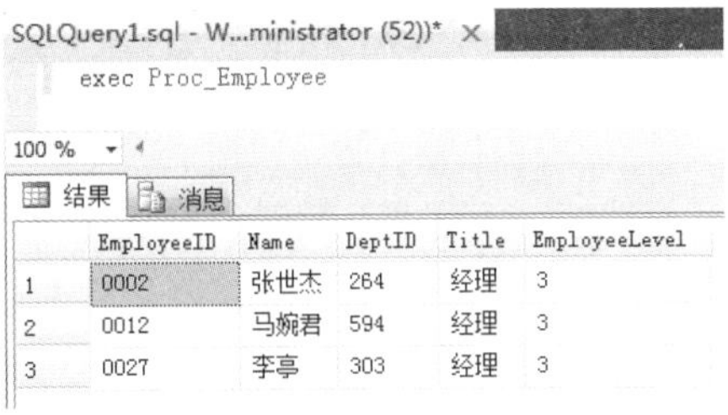

图 7-2　执行存储过程

7.1.4　使用 SQL 语言修改存储过程

修改存储过程可以改变存储过程中的参数或语句，可以通过 SQL 语句中的 ALTER PROCEDURE 语句实现。虽然删除并重新创建该存储过程，也可以达到修改存储过程的目的，但是将丢失与该存储过程关联的所有权限。

ALTER PROCEDURE 语句用来修改通过执行 CREATE PROCEDURE 语句创建的过程，该语句修改存储过程时不会更改权限，也不影响相关的存储过程或触发器。

ALTER PROCEDURE 语句的语法格式如下：

```
ALTER {PROC | PROCEDURE}[schema_name.]procedure_name [:number]
   [{@parameter [type_schema_name.] data_type}
   [VARYING] [=default] [OUT [PUT]]
   [,…n]
[WITH <procedure_option> [,…n]]
[FOR REPLICATION]
AS
   {<sql_statement>[…n] | <method_specifier>}
<procedure_option>::=
   [ENCRYPTION]
   [RECOMPILE]
   [EXECUTE AS Clause]
<sql_statement>::=
{[BEGIN] statements [END]}
<method_specifier>::=
EXTERNAL NAME
assembly_name.class_name.method_name
```

ALTER PROCEDURE 语句的参数及说明如表 7-3 所示。

表 7-3 ALTER PROCEDURE 语句的参数及说明

参数	描述
schema_name	过程所属架构的名称
procedure_name	要更改的过程名称。过程名称必须符合标识符规则
number	现有的可选整数，该整数用来对具有同一名称的过程进行分组，以便可以用一个 DROP PROCEDURE 语句全部删除它们
@parameter	过程中的参数。最多可以指定 2100 个参数
[type_schema_name.] data_type	参数及其所属架构的数据类型
VARYING	指定作为输出参数支持的结果集。此参数由存储过程动态构造，并且其内容可以不同。仅适用于游标参数
default	参数的默认值
OUTPUT	指示参数是返回参数
FOR REPLICATION	指定不能在订阅服务器上执行为复制创建的存储过程
AS	过程将要执行的操作
ENCRYPTION	指示数据库引擎会将 ALTER PROCEDURE 语句的原始文本转换为模糊格式
RECOMPILE	指示 SQL Server 2012 数据库引擎不会缓存该过程的计划，该过程在运行时重新编译
EXECUTE_AS	指定访问存储过程后执行该存储过程所用的安全上下文
<sql_statement>	过程中要包含的任意数目和类型的 T-SQL 语句。但有一些限制
EXTERNAL NAME assembly_name.class_name.method_name	指定 Microsoft .NET Framework 程序集的方法，以便 CLR 存储过程引用。class_name 必须是有效的 SQL Server 标识符，并且必须作为类存在于程序集中。如果类具有使用句点（.）分隔命名空间部分的命名空间限定名称，则必须使用方括号（[]）或引号（""）来分隔类名。指定的方法必须为该类的静态方法

例 7-3 通过 ALTER PROCEDURE 语句修改名为 Proc_Employee 的存储过程。

使用 ALTER PROCEDURE 修改存储过程的步骤如下：

打开 SQL Server Management Studio，并连接到 SQL Server 2012 中的数据库。

单击工具栏中的"新建查询"按钮，新建查询编辑器，并输入如下 SQL 语句代码：

```
ALTER PROCEDURE [dbo].[Proc_Employee]
@Proc_title varchar(50) = ' 经理 '
as
select EmployeeID, Name, DeptID, Title, EmployeeLevel
from Employee
where Title = @Proc_title
```

扫码看视频

单击"执行"按钮，就可以执行上述 SQL 语句代码，即可修改 Proc_Employee 存储过程，执行结果如图 7-3 所示。

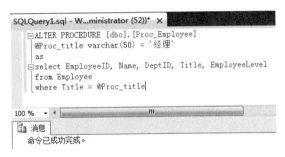

图 7-3　修改存储过程

7.1.5　使用 SQL 语言删除存储过程

可以将数据库中某些不再应用的存储过程删除,这样可以节约该存储过程所占的数据库空间。删除存储过程可以通过执行 DROP PROCEDURE 语句实现。

DROP PROCEDURE 语句用来从当前数据库中删除一个或多个存储过程,语法格式如下:

DROP {PROC | PROCEDURE} {[schema_name.]procedure}[,…n]

DROP PROCEDURE 语句的参数及说明如表 7-4 所示。

表 7-4　DROP PROCEDURE 语句的参数及说明

参数	描述
schema_name	过程所属架构的名称。不能指定服务器名称或数据库名称
procedure	要删除的存储过程或存储过程组的名称

例 7-4　删除名为 Proc_Employee 的存储过程。

使用 DROP PROCEDURE 删除存储过程的步骤如下:

打开 SQL Server Management Studio,并连接到 SQL Server 2012 中的数据库。

扫码看视频

单击工具栏中的"新建查询"按钮,新建查询编辑器,并输入如下 SQL 语句代码:

```
DROP PROCEDURE Proc_Employee
```

单击"执行"按钮,就可以执行上述 SQL 语句代码,将 Proc_Employee 存储过程删除,如图 7-4 所示。

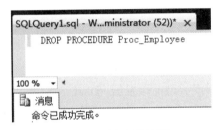

图 7-4　删除存储过程

7.2 触发器

7.2.1 触发器的概述

Microsoft SQL Server 提供两种主要机制来强调使用业务规划和数据完整性，即约束和触发器。

触发器是一种特殊类型的存储过程，当指定表中的数据发生变化时触发器自动生效。它与表紧密相连，可以看作是表定义的一部分。触发器不能通过名称被直接调用，更不允许设置参数。

在 SQL Server 中，一张表可以有多个触发器。用户可以使用 INSERT、UPDATE 或 DELETE 语句对触发器进行设置，也可以对一张表上的特定操作设置多个触发器。触发器可以包含复杂的 T-SQL 语句。不论触发器所进行的操作有多复杂，触发器都只作为一个独立的单元被执行，被看作是一个事务。如果在执行触发器的过程中发生了错误，则整个事务将会自动回滚。

触发器的优点表现在以下几个方面：

（1）触发器自动换行，对表中的数据进行修改后，触发器立即被激活。

（2）为了实现复杂的数据库更新操作，触发器可以调用一个或多个存储过程，甚至可以通过调用外部过程（不是数据库管理系统本身）完成相应的操作。

（3）触发器能够实现比 CHECK 约束更为复杂的数据完整性。在数据库中，为了实现数据完整性约束可以使用 CHECK 约束或触发器。CHECK 约束不允许引用其他表中的列来完成检查工作，而触发器可以引用其他表中的列。触发器更适合在大型数据库管理系统中用来约束数据的完整性。

（4）触发器可以检测数据库内的操作，从而取消数据库未经许可的更新操作，使数据库修改、更新操作更安全，数据库的运行也更稳定。

（5）触发器能够对数据库中的相关表实现级联更改。触发器是基于一个表创建的，但是可以针对多个表进行操作，实现数据库中相关表的级联更改。

（6）一个表中可以同时存在 3 个不同操作的触发器（INSERT、UPDATE 和 DELETE）。

7.2.2 触发器的分类

SQL Server 包括 3 种常规类型的触发器：DML 触发器、DDL 触发器和登录触发器。

当数据库中发生数据操作语言（DML）事件时将调用 DML 触发器。DML 事件包括在指定表或视图中修改数据的 INSERT 语句、UPDATE 语句或 DELETE 语句。DML

触发器可以查询其他表，还可包含复杂的 T-SQL 语句。

用户可以设计以下类型的 DML 触发器。

➤ AFTER 触发器：在执行了 INSERT、UPDATE 或 DELETE 语句操作之后执行 AFTER 触发器。

➤ INSTEAD OF 触发器：执行 INSTEAD OF 触发器代替通常的触发动作。还可为带有一个或多个基表的视图定义 INSTEAD OF 触发器，而这些触发器能够扩展视图可支持的更新类型。

➤ CLR 触发器：CLR 触发器可以是 AFTER 触发器或 INSTEAD OF 触发器，还可以是 DDL 触发器。CLR 触发器将执行在托管代码（在 .NET Framework 中创建并在 SQL Server 中上载的程序集的成员）中编写的方法，而不用执行 T-SQL 存储过程。

DDL 触发器是一种特殊的触发器，它在响应数据定义语言（DDL）语句时触发，可以用于在数据库中执行管理任务，例如，审核以及规范数据库操作。

登录触发器将为 LOGON 事件而激发存储过程。与 SQL Server 实例建立用户会话时将引发此事件。登录触发器将在登录的身份验证阶段完成之后且用户会话实际建立之前激发。可以使用登录触发器来审核和控制服务器会话，如通过跟踪登录活动、限制 SQL Server 的登录名或限制特定登录名的会话数。

7.2.3　使用 SQL 语言创建触发器

1. 创建 DML 触发器

如果用户要通过数据操作语言（DML）事件编辑数据，则执行 DML 触发器。DML 事件是针对表或视图的 INSERT、UPDATE 或 DELETE 语句。

创建 DML 触发器的语法格式如下：

```
CREATE TRIGGER [schema_name.]trigger_name
ON {table | view}
[WITH <dml_trigger_option> [,…n]]
{FOR | AFTER | INSTEAD OF}
{[INSERT][,][UPDATE][,][DELETE]}
[WITH APPEND]
[NOT FOR REPLICATION]
AS {sql_statement [;] [,…n] | EXTERNAL NAME <method specifier [;]>}
<dml_trigger_option> ::=
    [ENCRYPTION]
    [EXECUTE AS Clause]
<method_specifier> ::=
    assembly_name.class_name.method_name
```

创建 DML 触发器的参数及说明如表 7-5 所示。

表 7-5　创建 DML 触发器的参数及说明

参数	描述
schema_name	DML 触发器所属架构的名称。DML 触发器的作用域是为其创建该触发器的表或视图的架构
trigger_name	触发器的名称。trigger_name 必须遵循标识符规定，但 trigger_name 不能以 "#" 或 "##" 开头
table | view	对其执行 DML 触发器的表或视图，有时称为触发器表或触发器视图。可以根据需要指定表或视图的完全限定名称。视图只能被 INSTEAD OF 触发器引用。不能对局部或全局临时表定义 DML 触发器
FOR | AFTER	AFTER 指定 DML 触发器仅在触发 SQL 语句中指定的所有操作都已成功执行时才被触发
INSTEAD OF	指定执行 DML 触发器而不是触发 SQL 语句，因此，其优先级高于触发语句操作
{[INSERT][,][UPDATE][,] [DELETE]}	指定数据修改语句，这些语句可在 DML 触发器对此表或视图进行尝试时激活该触发器。必须至少指定一个选项
WITH APPEND	指定应该再添加一个现有类型的触发器
NOT FOR REPLICATION	指定当复制代理修改涉及触发器的表时，不应执行触发器
sql_statement	触发条件和操作。触发器条件指定其他标准，用户确定尝试的 DML、DDL 或 logon 事件是否导致执行触发器操作
EXECUTE AS	指定用于执行该触发器的安全上下文
<method_specifier>	对于 CLR 触发器，指定程序集与触发器绑定的方法。该方法不能带有任何参数，并且必须返回控制

例 7-5　为 Department 表创建 DML 触发器，当向表中插入数据时给出提示信息。
步骤如下：

打开 SQL Server Management Studio，并连接到 SQL Server 2012 中的数据库。

单击工具栏中的"新建查询"按钮，新建查询编辑器，并输入如下 SQL 语句代码：

```
CREATE TRIGGER trigger_dept
ON Department
AFTER INSERT
AS
RAISERROR(' 正在向表中插入数据 ',16,10);
```

扫码看视频

单击"执行"按钮，就可以执行上述 SQL 语句代码，创建名为
trigger_dept 的 DML 触发器，每次对 Department 表的数据进行添加时，都会显示如图
7-5 所示的消息内容。

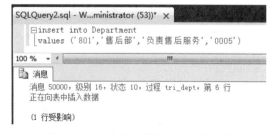

图 7-5　向表中插入数据时给出的信息

2. 创建 DDL 触发器

DDL 触发器用于响应各种数据定义语言（DDL）事件。这些事件主要对应于 T-SQL CREATE、ALTER 和 DROP 语句，以及执行类似 DDL 操作的某些系统存储过程。

创建 DDL 触发器的语法格式如下：

```
CREATE TRIGGER trigger_name
ON {ALL SERVER | DATABASE}
[WITH <ddl_trigger_option> [,…n]]
{FOR | AFTER} {event_type | event_group}[,…n]
AS {sql_statement [;][,…n] | EXTERNAL NAME <method specifier> [;]}
<ddl_trigger_option> ::=
    [ENCRYPTION]
    [EXECUTE AS Clause]
<method_specifier> ::=
    assembly_name.class_name.method_name
```

创建 DDL 触发器的参数及说明如表 7-6 所示。

表 7-6　创建 DDL 触发器的参数及说明

参数	描述
trigger_name	触发器的名称。trigger_name 必须遵循标识符规定，但 trigger_name 不能以"#"或"##"开头
ALL SERVER	将 DDL 或登录触发器的作用域应用于当前服务器
DATABASE	将 DDL 触发器的作用域应用于当前数据库
FOR	AFTER	AFTER 指定 DML 触发器仅在触发 SQL 语句中指定的所有操作都已成功执行时才被触发
event_type	执行之后将导致激发 DDL 触发器的 T-SQL 语言事件的名称。DDL 事件中列出了 DDL 触发器的有效事件
event_group	预定义的 T-SQL 语言事件分组的名称
sql_statement	触发条件和操作。触发器条件指定其他标准，用户确定尝试的 DML、DDL 或 logon 事件是否导致执行触发器操作
<method_specifier>	对于 CLR 触发器，指定程序集与触发器绑定的方法

例 7-6　为 Employee 表创建 DDL 触发器，防止用户对表进行删除或修改等操作。

步骤如下：

打开 SQL Server Management Studio，并连接到 SQL Server 2012 中的数据库。

单击工具栏中的"新建查询"按钮，新建查询编辑器，并输入如下 SQL 语句代码：

```
CREATE TRIGGER tri_employee
ON DATABASE
FOR DROP_TABLE,ALTER_TABLE
AS
    PRINT '只有"tri_employee"触发器无效时，才可以删除或修改表。'
    ROLLBACK
```

扫码看视频

单击"执行"按钮，就可以执行上述 SQL 语句代码，创建名为 tri_employee 的 DDL 触发器。

当对数据库中的表进行修改或删除操作时，都会提示如图 7-6 所示的消息内容。

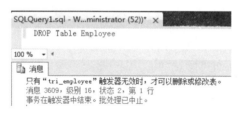

图 7-6　删除或修改表时给出的信息

3．创建登录触发器

登录触发器在遇到 LOGON 事件时触发。LOGON 事件是在建立用户会话时引发的。触发器可以由 T-SQL 语句直接创建，也可以由程序集方法创建，这些方法是在 Microsoft .NET Framework 公共语言运行时（CLR）创建并上载到 SQL Server 实例的。SQL Server 允许为任何特定语句创建多个触发器。

创建登录触发器的语法格式如下：

```
CREATE TRIGGER trigger_name
ON ALL SERVER
[WITH <logon_trigger_option>[,…n]]
{FOR | AFTER} LOGON
AS {sql_statement [;][,…n] | EXTERNAL NAME <method specifier> [;]}
<logon_trigger_option> ::=
    [ENCRYPTION]
    [EXECUTE AS Clause]
<method_specifier> ::=
    assembly_name.class_name.method_name
```

创建登录触发器的参数及说明如表 7-7 所示。

表 7-7　创建登录触发器的参数及说明

参数	描述
trigger_name	触发器的名称。trigger_name 必须遵循标识符规定，但 trigger_name 不能以"#"或"##"开头
ALL SERVER	将 DDL 或登录触发器的作用域应用于当前服务器
FOR	AFTER	AFTER 指定 DML 触发器仅在触发 SQL 语句中指定的所有操作都已成功执行时才被触发
sql_statement	触发条件和操作。触发器条件指定其他标准，用户确定尝试的 DML、DDL 或 logon 事件是否导致执行触发器操作
<method_specifier>	对于 CLR 触发器，指定程序集与触发器绑定的方法

例 7-7　创建一个登录触发器，该触发器拒绝 LIZ 登录名的成员登录 SQL Server。

步骤如下：

打开 SQL Server Management Studio，并连接到 SQL Server 2012 中的数据库。

单击工具栏中的"新建查询"按钮，新建查询编辑器，并输入如下 SQL 语句代码：

```
USE master
GO
CREATE LOGIN LIZ WITH PASSWORD = '123' MUST_CHANGE,
    CHECK_EXPIRATION = ON;
GO
GRANT VIEW SERVER STATE TO LIZ;
GO
CREATE TRIGGER connection_limit_trigger
ON ALL SERVER WITH EXECUTE AS 'LIZ'
FOR LOGON
AS
BEGIN
IF ORIGINAL_LOGIN() = 'LIZ' AND
    (SELECT COUNT(*) FROM sys.dm_exec_sessions WHERE is_user_process = 1 AND
original_login_name = 'LIZ') > 1
    ROLLBACK
END
```

登录触发器与 DML 触发器、DDL 触发器所存储的位置不同，其存储位置为对象资源管理器中的"服务器对象"→"触发器"，如图 7-7 所示。

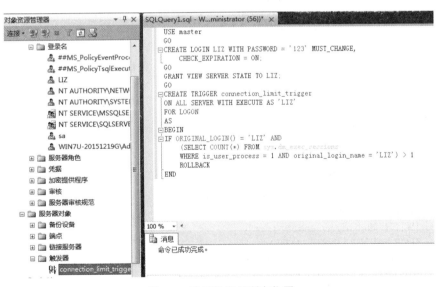

图 7-7　登录触发器所在位置

7.2.4　使用 SQL 语言查看触发器

查看触发器与查看存储过程相同。同样可以使用 sp_helptext 存储过程与 sys.sql_

modules 视图查看触发器。

1. 使用 sp_helptext 存储过程查看触发器

sp_helptext 存储过程可以查看架构范围内的触发器，非架构范围中的触发器是不能用此存储过程查看的，如 DDL 触发器、登录触发器。

例 7-8　使用 sp_helptext 存储过程查看 DML 触发器，如图 7-8 所示。

图 7-8　使用 sp_helptext 查看 DML 触发器

2. 获取数据库中触发器的信息

每个类型为 TR 或 TA 的触发器对象对应一行，TA 代表程序集（CLR）触发器，TR 代表 SQL 触发器。DML 触发器名称在架构范围内，因此，可在 sys.objects 中显示。DDL 触发器名称的作用域取决于父实体，只能在对象目录视图中显示。

7.2.5　使用 SQL 语言修改触发器

修改触发器可以通过 ALTER TRIGGER 语句实现，下面分别对修改 DML 触发器、DDL 触发器、登录触发器进行介绍。

1. 修改 DML 触发器

修改 DML 触发器的语法格式如下：

```
ALTER TRIGGER schema_name.trigger_name
ON (table | view)
[WITH <dml_trigger_option> [,…n]]
(FOR | AFTER | INSTEAD OF)
{[DELETE][,][INSERT][,][UPDATE]}
[NOT FOR REPLICATION]
AS {sql_statement [;][…n] | EXTERNAL NAME <method specifier> [;]}
<dml_trigger_option> ::=
    [ENCRYPTION]
    [EXECUTE AS Clause]
<method_specifier>::=
    assembly_name.class_name.method_name
```

修改 DML 触发器的参数与说明如表 7-8 所示。

表 7-8　修改 DML 触发器的参数及说明

参数	描述
schema_name	DML 触发器所属架构的名称。DML 触发器的作用域是为其创建该触发器的表或视图的架构
trigger_name	要修改的现有触发器
table | view	对其执行 DML 触发器的表或视图，有时称为触发器表或触发器视图。可以根据需要指定表或视图的完全限定名称
AFTER	指定只有在触发 SQL 语句成功执行后，才会激发触发器
INSTEAD OF	指定执行 DML 触发器而不是触发 SQL 语句，因此，其优先级高于触发语句操作
{[INSERT][,][UPDATE][,][DELETE]}	指定数据修改语句在试图修改表或视图时，激活 DML 触发器。必须至少指定一个选项
NOT FOR REPLICATION	指定当复制代理修改涉及触发器的表时，不应执行触发器
sql_statement	触发条件和操作
EXECUTE AS	指定用于执行该触发器的安全上下文
<method_specifier>	对于 CLR 触发器，指定程序集与触发器绑定的方法。该方法不能带有任何参数，并且必须返回空值

例 7-9　使用 ALTER TRIGGER 语 句 修 改 DML 触 发 器 trigger_dept，当向该表中插入、修改或删除数据时给出提示信息。

扫码看视频

步骤如下：

打开 SQL Server Management Studio，并连接到 SQL Server 2012 中的数据库。

单击工具栏中的"新建查询"按钮，新建查询编辑器，并输入如下 SQL 语句代码：

```
ALTER TRIGGER trigger_dept
ON Department
AFTER INSERT,UPDATE,DELETE
AS
RAISERROR(' 正在向表中插入、修改或删除数据 ',16,10);
```

单击"执行"按钮，就可以执行上述 SQL 语句代码，如图 7-9 所示。将名为 trigger_dept 的 DML 触发器修改为每次对 Department 表的数据进行添加、修改或删除时，都会给出提示信息。

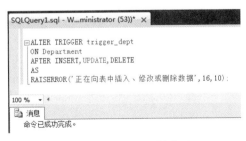

图 7-9　修改 DML 触发器

2. 修改 DDL 触发器

修改 DDL 触发器的语法格式如下：

```
ALTER TRIGGER trigger_name
ON {DATABASE | ALL SERVER}
[WITH <ddl_trigger_option> [,…n]]
{FOR | AFTER} {event_type [,…n | event_group]}
AS {sql_statement [;] | EXTERNAL NAME <method specifier> [;]}
<ddl_trigger_option> ::=
    [ENCRYPTION]
    [EXECUTE AS Clause]
<method_specifier>::=
    assembly_name.class_name.method_name
```

修改 DDL 触发器的参数及说明如表 7-9 所示。

表 7-9　修改 DDL 触发器的参数及说明

参数	描述
trigger_name	要修改的现有触发器
DATABASE	将 DDL 触发器的作用域应用于当前数据库
ALL SERVER	将 DDL 或登录触发器的作用域应用于当前服务器
AFTER	指定只有在触发 SQL 语句成功执行后，才会激发触发器
event_type	执行之后将导致激发 DDL 触发器的 T-SQL 语言事件的名称
event_group	预定义的 T-SQL 语言事件分组的名称
sql_statement	触发条件和操作
EXECUTE AS	指定用于执行该触发器的安全上下文
<method_specifier>	对于 CLR 触发器，指定程序集与触发器绑定的方法

例 7-10　使用 ALTER TRIGGER 语句修改 DDL 触发器 tri_employee，防止用户修改数据。

步骤如下：

打开 SQL Server Management Studio，并连接到 SQL Server 2012 中的数据库。

单击工具栏中的"新建查询"按钮，新建查询编辑器，并输入如下 SQL 语句代码：

```
ALTER TRIGGER tri_employee
ON DATABASE
FOR ALTER_TABLE
AS
    PRINT '只有"tri_employee"触发器无效时，才可以修改表。'
    ROLLBACK
```

扫码看视频

单击"执行"按钮，就可以执行上述 SQL 语句代码，如图 7-10 所示。将名为 tri_employee 的 DDL 触发器修改为不允许对 Employee 表的数据进行修改。

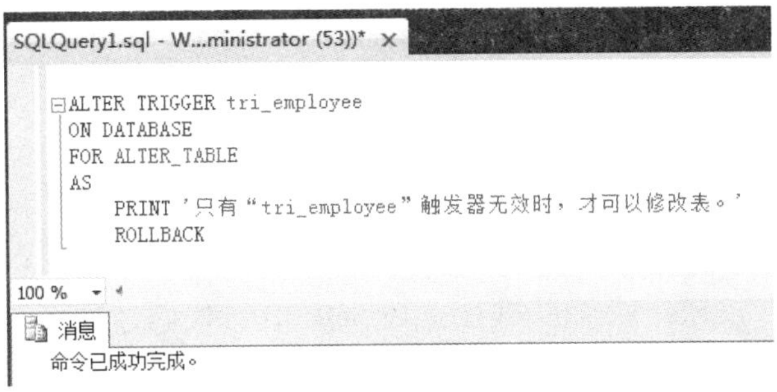

图 7-10 修改 DDL 触发器

3. 修改登录触发器

修改登录触发器的语法格式如下：

```
ALTER TRIGGER trigger_name
ON ALL SERVER
[WITH <logon_trigger_option> [,…n]]
{FOR | AFTER} LOGON
AS {sql_statement [;][,…n] | EXTERNAL NAME <method specifier> [;]}
<logon_trigger_option> ::=
    [ENCRYPTION]
    [EXECUTE AS Clause]
<method_specifier>::=
    assembly_name.class_name.method_name
```

修改登录触发器的参数及说明如表 7-10 所示。

表 7-10 修改登录触发器的参数及说明

参数	描述
trigger_name	要修改的现有触发器
ALL SERVER	将 DDL 或登录触发器的作用域应用于当前服务器
AFTER	指定只有在触发 SQL 语句成功执行后，才会激发触发器
sql_statement	触发条件和操作
EXECUTE AS	指定用于执行该触发器的安全上下文
<method_specifier>	指定要与触发器绑定的程序集的方法

例 7-11 使用 ALTER TRIGGER 语句修改登录触发器 connection_limit_trigger，如果用户名为 "LIZ" 并且在此登录名下已运行 3 个用户会话，拒绝 LIZ 登录到 SQL SERVER。

步骤如下：

打开 SQL Server Management Studio，并连接到 SQL Server 2012 中的数据库。

单击工具栏中的 "新建查询" 按钮，新建查询编辑器，并输入如下 SQL 语句代码：

```
ALTER TRIGGER connection_limit_trigger
ON ALL SERVER WITH EXECUTE AS 'LIZ'
FOR LOGON
```

```
AS
BEGIN
IF ORIGINAL_LOGIN() = 'LIZ' AND
    (SELECT COUNT(*) FROM sys.dm_exec_sessions
      WHERE is_user_process = 1 AND original_login_name = 'LIZ') > 3
      ROLLBACK
END
```

单击"执行"按钮，就可以执行上述 SQL 语句代码，如图 7-11 所示，将名为 connection_limit_trigger 的登录触发器做修改。

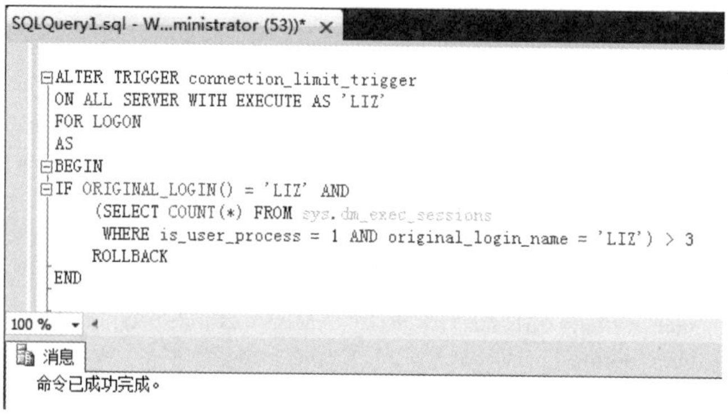

图 7-11　修改登录触发器

7.2.6　禁用与启用触发器

当不再需要某个触发器时，可将其禁用或删除。禁用触发器不会删除该触发器，该触发器仍然作为对象存在于当前数据库中。但是，当执行任意 INSERT、UPDATE 或 DELETE 语句（在其上对触发器进行了编程）时，触发器将不会被激发。已禁用的触发器可以被重新启用，会以最初创建触发器时的方式将其激发。默认情况下，创建触发器后会启用触发器。

1. 禁用触发器

使用 DISABLE TRIGGER 语句禁用触发器，其语法格式如下：

```
DISABLE TRIGGER {[schema_name.]trigger_name [,…n] | ALL}
ON {object_name | DATABASE | ALL SERVER}[;]
```

禁用触发器的参数及说明如表 7-11 所示。

表 7-11　禁用触发器的参数及说明

参数	描述
schema_name	触发器所属架构的名称
trigger_name	要禁用的触发器的名称
ALL	指禁用在 ON 子句作用域中定义的所有触发器

续表

参数	描述
object_name	要对其创建要执行的 DML 触发器 trigger_name 的表或视图的名称
DATABASE	对于 DDL 触发器，指示所创建或修改的 trigger_name 将在数据库范围内执行
ALL SERVER	对于 DDL 触发器，指示所创建或修改的 trigger_name 将在服务器范围内执行。ALL SERVER 也适用于登录触发器

例 7-12　使用 DISABLE TRIGGER 语句禁用 DML 触发器 trigger_dept。

SQL 语句如下：

    DISABLE TRIGGER trigger_dept ON Department

禁用后触发器的状态如图 7-12 所示。

图 7-12　禁用触发器的状态

2. 启用触发器

启用触发器并不是重建它。已禁用的 DDL、DML 或登录触发器可以通过执行 ENABLE TRIGGER 语句重新启用。语法格式如下：

    ENABLE TRIGGER {[schema_name.]trigger_name [,…n] | ALL}
    ON {object_name | DATABASE | ALL SERVER}[;]

启用触发器的参数及说明如表 7-12 所示。

表 7-12　启用触发器的参数及说明

参数	描述
schema_name	触发器所属架构的名称。不能为 DDL 或登录触发器指定 schema_name
trigger_name	要启用的触发器的名称
ALL	指示启用在 ON 子句作用域中定义的所有触发器
object_name	对其创建要执行 DML 触发器 trigger_name 的表或视图的名称
DATABASE	对于 DDL 触发器，指示所创建或修改的 trigger_name 将在数据库范围内执行
ALL SERVER	对于 DDL 触发器，指示所创建或修改的 trigger_name 将在服务器范围内执行。ALL SERVER 也适用于登录触发器

例 7-13　使用 ENABLE TRIGGER 语句启用 DML 触发器 trigger_dept。

SQL 语句如下：

    ENABLE TRIGGER trigger_dept ON Department

 本章小结

本章介绍了存储过程和触发器的概念，以及创建和管理存储过程与触发器的方法。使用存储过程可以增强代码的重用性，使用触发器可以在操作数据的同时触发指定的事件从而维护数据完整性。创建存储过程后可以调用 Execute 语句执行存储过程或者设置其自动执行，还可以查看、修改或者删除存储过程。触发器可分为 DML 触发器、DDL 触发器和登录触发器，可以使用 SQL 语句对触发器进行管理。

练习七

1．创建一个存储过程，以添加订单详情信息（见表 7-13）到表 OrderDetails 中。在添加订单详情时，需要提供订单编号、产品编号、数量、折扣等信息，产品单价信息通过产品编号从 Product 表中查询得到。

表 7-13　订单详情信息数据

字段	类型	备注
订单编号	bigint	直接输入，是 Order 表的外键
产品编号	bigint	直接输入，是 Product 表的外键
数量	int	直接输入
产品单价	money	通过产品编号从 Product 表中查询得到
折扣	real	默认情况下没有折扣

2．对创建好的存储过程进行修改，在添加订单详情时，得到该订单的总金额。

3．调用创建好的存储过程，添加一条请假申请到表中。

4．把创建好的存储过程从数据库中删除。

5．在 Customer 表上创建触发器，当发现被删除客户状态为"正常"时，应当将这部分数据还原到 Customer 表中。

6．在上面触发器的基础上扩充功能，在删除客户时检查客户状态，状态如果不是"删除"则需要还原客户数据。

7．删除触发器。

第8章

数据库设计

　　本章主要内容是按照软件工程的方法进行数据库系统设计的基本过程和设计内容以及各步骤的设计方法。数据库设计分为需求分析、概念结构设计、逻辑结构设计、物理设计、数据库实施以及数据库运行维护等多个阶段。

8.1.1　数据库设计的方法

数据库设计有多种方法，目前主流的设计方法是按照软件工程要求的规范化设计方法和步骤进行，以实现数据库设计过程的可见性和可控性。在设计过程中，整个软件系统的设计以数据库的设计为中心，应用程序的设计围绕着数据库进行。近几年，随着敏捷软件开发方法的应用，软件系统的设计不再以数据库的设计为中心，而是以软件系统的功能实现为中心，随着软件开发的演进和代码版本的迭代，把数据库当作软件开发中的持久化功能处理，自然形成数据库系统。

敏捷软件开发方法能更好地适应软件需求的变化。但软件工程的规范化设计方法从系统的整体出发，软件开发的可见性较高，开发进度的可控性相对较好，所以数据库的设计依然以软件工程要求的规范化设计方法为主。本章用软件工程的规范化设计方法，以基于 B2C 的图书销售管理系统为例，讲解数据库开发技术。

按照软件工程的规范化设计方法，数据库设计分为以下六个阶段：

（1）需求分析：准确了解、分析用户需求。

（2）概念设计：对用户需求进行综合、归纳与抽象，把用户需求抽象为数据库的概念。

（3）逻辑设计：将概念结构转换为某个 DBMS 所支持的数据模型，并对其进行优化。

（4）物理设计：在 DBMS 上建立起逻辑结构设计确立的数据库的结构。

（5）数据库实施：建立数据库，编制与调试应用程序，组织数据入库，并进行试运行。

（6）数据库运行和维护：对数据库系统进行评价、调整与修改。

8.1.2　数据库设计的原则

数据库是企业信息的核心，其应用水平的高低直接影响到企业管理水平。选择了一个高性能的数据库产品不等于就有一个好的数据库应用系统，如果数据库系统设计不合理，不仅会增加客户端和服务器端程序的编程和维护的难度，而且还会影响系统实际运行的性能。主要涉及数据库各种性能优化技术，从而避免磁盘 I/O 瓶颈、减少 CPU 利用率、大内存的设置和减少资源竞争。

数据库是整个软件应用的根基，是软件设计的起点，它起着决定性的质变作用，因此对数据库设计必须高度重视，养成良好的设计数据库的习惯。

在设计数据库时一般遵循以下原则：

（1）规范命名。所有的库名、表名、域名必须遵循统一的命名规则，并进行必要说明，以方便设计、维护、查询。

（2）控制字段的引用。在设计时，可以选择适当的数据库设计管理工具，以方便开发人员的分布式设计和数据小组的集中审核管理。采用统一的命名规则，如果设计的字段已经存在，可直接引用，否则，应重新设计。

（3）库表重复控制。在设计过程中，如果发现大部分字段都已存在，开发人员应怀疑所设计的库表是否已存在。通过对字段所在库表及相应设计人员的查询，可以确认库表是否确实重复。

（4）并发控制。设计中应进行并发控制，即对于同一个库表，在同一时间只有一个人有控制权，其他人只能进行查询。

（5）必要的讨论。数据库设计完成后，数据小组应与相关人员进行讨论，通过讨论来熟悉数据库，从而对设计中存在的问题进行控制或从中获取数据库设计的必要信息。库表的定版、修改最终都要通过数据小组的审核，以保证符合必要的要求。

（6）头文件处理。每次数据修改后，数据小组要对相应的头文件进行修改（可由管理软件自动完成），并通知相关的开发人员，以便进行相应的程序修改。

8.2　数据库设计过程

8.2.1　需求分析

需求分析的目标是了解系统的应用环境，了解并分析用户对数据及数据处理的需求，是整个数据库设计过程中最重要步骤之一，是其余各阶段的基础。在需求分析阶段，要求从各方面对整个组织进行调研，收集和分析各项应用对信息和处理两方面的需求。

1. 收集需求信息

收集资料是数据库设计人员和用户共同完成的任务。该阶段确定企业组织的目标，并从这些目标导出对数据库的总体要求。在需求分析阶段，设计人员必须与用户进行深入细致的交流，如果可以，最好让开发团队和用户共同工作，如果没有条件，则用户应该派出代表到开发团队中，以便于开发团队随时了解用户的各方面需求。

在需求分析阶段，需求分析是一个反复进行和迭代的过程。每次迭代，设计人员都要形成需求分析文档，应当和用户一同分析文档，以消除开发人员和用户之间的误解，形成准确而全面的需求规格说明书。

需求分析阶段，主要了解和分析的内容包括：

➢　信息需求：用户需要从数据库中获得信息的内容与性质。

➢　处理需求：用户要求软件系统完成的功能，并说明对系统处理完成功能的时间、处理方式的要求。

➢ 安全性与完整性要求：用户对系统信息的安全性要求等级以及信息完整性的具体要求。

2. 分析整理

分析的过程是对所收集到的数据进行抽象的过程。软件开发以用户的日常工作为基础。在收集需求信息时，用户也是从日常工作角度对软件功能和处理的信息进行描述。这些信息不利于软件的设计和实现。为便于设计人员和用户之间进行交流，同时方便软件的设计和实现，设计人员要对收集到的用户需求信息进行分析和整理，把功能进行分类和合并，把整个系统分解成若干个功能模块。

在图书销售管理系统中，分析得到的用户需求如下：

（1）新书信息录入：添加系统中所销售图书的信息。

（2）新书列表：方便用户得到新进图书的信息。

（3）书目分类：便于用户查看对应分类中相关图书信息。

（4）图书搜索功能：方便用户按书名、ISBN、主题或作者搜索相应图书信息。

（5）用户注册功能：方便保存用户信息，并在相应功能中快速应用用户信息。

（6）用户登录功能：方便用户选购图书，并进行结算和配送。

（7）订单管理功能：方便对图书的销售情况进行统计、分析和配送。

（8）系统管理员登录功能：在系统中，用户可以在结算前的任何时候登录系统，无权修改图书相关信息，只能选购系统中已注册的图书。对图书信息的修改，只能是以系统管理员角色（管理系统的用户）登录后才能进行。系统中一般的注册用户和系统管理员角色不能重叠，一个用户只能是一般的注册用户或系统管理员中的一种。系统管理员不得查看用户的密码等关键信息。

3. 数据流图

数据库设计过程中采用数据流图（Data Flow Diagram，DFD）来描述系统的功能。数据流图可以形象地描述事务处理与所需数据的关联，便于用结构化系统方法自顶向下、逐层分解、步步细化，并且便于用户和设计人员进行交流。DFD 一般由如图 8-1 所示的元素构成。

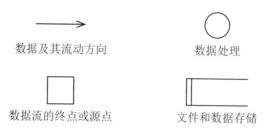

数据及其流动方向　　　　数据处理

数据流的终点或源点　　　文件和数据存储

图 8-1　数据流图元素

数据流图的建立必须在充分调研用户需求的基础上进行，根据用户需求的各功能进行规划，并在数据流图中体现各功能实现的工作过程以及实现过程中所需的数据、数据的流以及数据的内容。

数据流图要对用户需求进一步明确和细化，用户和设计人员可以通过数据流图交流各自对系统功能的理解。

图书销售管理系统的数据流图如图 8-2 所示。

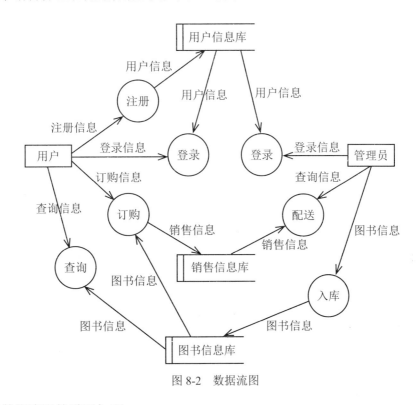

图 8-2　数据流图

对数据流图的说明如下：

注册信息：用户名、用户姓名、家庭住址、邮政编码、移动电话、固定电话、电子信箱、密码。

登录信息：用户名、密码。

用户信息：客户编号、用户名、用户姓名、家庭住址、邮政编码、移动电话、固定电话、电子信箱。

图书信息：图书序号、图书名称、ISBN、作者、图书类型编号、描述。

销售信息：订单流水号、图书序号、数量、客户编号、单价。

查询信息：查询依据、查询值。

订购信息：客户编号、图书编号、数量、单价、订购日期。

4．数据字典

数据字典（Data Dictionary，DD）是关于数据库中数据的一种描述，而不是数据库中的数据。数据字典用于记载系统中的各种数据、数据元素以及它们的名字、性质、意义及各类约束条件。

数据字典有利于设计人员与用户之间、设计人员之间的通信；有利于要求所有开发人员根据公共数据字典描述数据和设计模块，避免接口不一致的问题。

数据字典在需求分析阶段建立，产生于数据流图，主要是对数据流图中数据流、数据项、数据存储和数据处理的描述，说明如下：

（1）数据流：定义数据流的组成。

（2）数据项：定义数据项，规定数据项的名称、类型、长度、值的允许范围等内容，数据项的组成规则需要特别描述。

（3）数据存储：定义数据的组成以及数据的组织方式。

（4）数据处理：定义数据处理的逻辑关系。数据处理中只说明处理的内容，不说明处理的方法。

数据字典主要有三种方法实现：全人工过程（数据字典卡片）、全自动化过程（应用数据字典处理程序）以及混合过程。

表 8-1 所示是图 8-2 中所示的数据流图的部分数据字典内容。

表 8-1　数据项描述条目（部分）

数据项名称	类型	长度（字节）	范围
用户名	字符	20	任意
用户姓名	字符	20	任意
密码	字符	24	任意
家庭住址	字符	100	任意
单价	数字	8	任意数字
订购日期	日期	8	任意日期

注意：

需求分析的各阶段都要求设计人员和用户之间进行充分的交流，每个阶段都必须有用户直接参与，每个阶段的设计结果都要返回给用户，并与用户交流对设计结果的看法，最终让用户理解设计结果，并取得用户的认可。

8.2.2　概念设计

概念设计阶段的目标是把需求分析阶段得到的用户需求抽象为数据库的概念结构，即概念模式。设计关系型数据库的过程中，描述概念结构的有力工具是 E-R 图。概念结构设计分为局部 E-R 图和总体 E-R 图，总体 E-R 图由局部 E-R 图组成，设计时，一般先从局部 E-R 图开始设计，以减小设计的复杂度，最后由局部 E-R 图综合形成总体 E-R 图。E-R 图的相关知识参见第 1 章相关内容。

局部 E-R 图的设计从数据库流图出发确定数据流图中的实体和相关属性，并根据数据流图中表示的对数据的处理，确定实体之间的联系。

在设计 E-R 图的过程中，数据库设计人员需要注意以下问题：

（1）用属性还是实体表示对象更恰当。

（2）用实体还是联系更能准确地描述需要表达的概念。

（3）用强实体还是弱实体更恰当。

扫码看视频

（4）使用三元联系还是一对二元联系能更好地表达实体之间的联系。

对于图 8-2 中所示的数据流图，确定用户订购图书的局部 E-R 图如图 8-3 所示，图书相关的局部 E-R 图如图 8-4 所示。

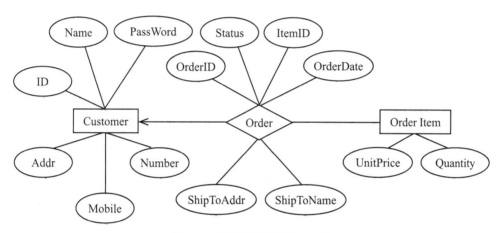

图 8-3　订购图书的局部 E-R 图

在用户订购图书的过程中，用户（Customer）和订单（Order Item）都是过程中的实体，而订购（Order）则是用户和订单之间的联系。由于订购过程中一个用户可以发生多个订单，所以造成一对多的联系。在用户实体中，用户编号属性（ID）是主键，而在订单实体中，目前还没有发现主键。在联系中，还有相应的属性，其中包括订购序号（OrderID）、订购的物品代码（ItemID）、订购日期（OrderDate）、订单状态（Status）、配送地址（ShipToAddr）以及收件人姓名（ShipToName）等属性。

整个数据库的总体 E-R 图不在此列出，请读者根据以上方法自行设计完成。

8.2.3　逻辑设计

概念设计得到的是与计算机软硬件具体性能无关的全局概念模式。概念结构无法在计算机中直接应用，需要把概念结构转换成特定的 DBMS 所支持的数据模型。逻辑设计就是把上述概念结构转换成为某个具体的 DBMS 所支持的数据模型并进行优化。

逻辑结构设计一般分为三部分：概念转换成 DBMS 所支持的数据模型、模型优化以及设计用户子模式。

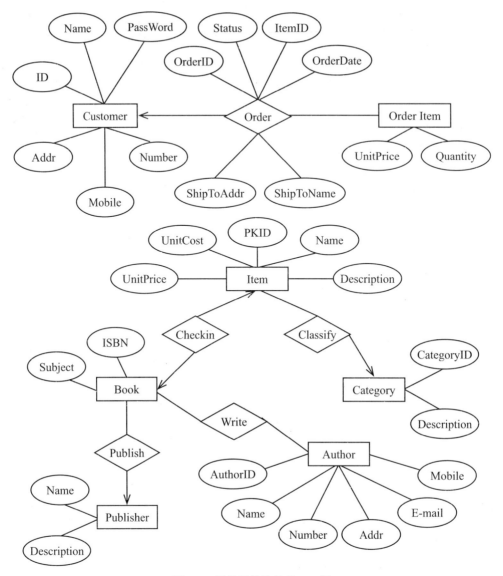

图 8-4　图书相关的局部 E-R 图

以下过程把图书销售管理系统数据库转换成关系型数据库。

1. 概念结构向关系模型的转换

概念结构向关系模型转换要有一定的原则和方法指导，一般而言原则如下：

（1）每个实体都有表与之对应，实体的属性转换成表的属性，实体的主键转换成表的主键。

（2）联系的转换。

联系转换的具体做法如下：

1）两实体间的一对一联系。

一个一对一联系可以转换为一个独立的关系模式，也可以与任意一端对应的关系模式合并。如果转换为一个独立的关系模式，那么与该联系相连的各实体的关键字是关系模式的候选关键字，该联系的属性都转换为关系模式的属性。如果与某一端实体对应的关系模式合并，则需要在该关系模式的属性中加入另一个关系模式的关键字和联系本身的属性。可将任一方实体的主关键字纳入另一方实体对应的关系中，若有联系的属性也一并纳入。

2）两实体间的一对多联系。

可将"一"方实体的主关键字纳入"多"方实体对应的关系中作为外关键字，同时把联系的属性也一并纳入"多"方对应的关系中。

3）同一实体间的一对多联系。

可在这个实体所对应的关系中多设一个属性，用来作为与该实体相联系的另一个实体的主关键字。

4）两实体间的多对一联系。

必须对"联系"单独建立一个关系，该关系中至少包含被它所联系的双方实体的"主关键字"，如果联系有属性，也要纳入这个关系中。

5）同一实体间的多对多联系。

必须为这个"联系"单独建立一个关系。该关系中至少应包含被它所联系的双方实体的"主关键字"，如果联系有属性，也要纳入这个关系中。由于这个"联系"只涉及一个实体，所以加入的实体的主关键字不能同名。

6）两个以上实体间的多对多联系。

必须为这个"联系"单独建立一个关系。该关系中至少应包含被它所联系的各个实体的"主关键字"，若是联系有属性，也要纳入这个关系中。

图书销售管理系统数据库的概念结构可以转换成关系型数据库中的多个表，表8-2 至表 8-6 为其中的五个表，请读者自行完成其余的表。

表 8-2 用户表（Customers）

字段	类型	可否为空	备注
ID	int	N	用户编号
Name	nvarchar(40)	N	用户姓名
Password	binary	N	用户密码
E-mail	nvarchar(40)		用户 E-mail 地址
Addr	nvarchar(80)	N	用户住址
Mobile	nvarchar(20)		移动电话
Number	nvarchar(20)		用户固定电话

主键，PK_Customers：ID

表 8-3　商品明细表（Items）

字段	类型	可否为空	备注
PKID	int	N	商品编号
Name	nvarchar(40)	N	商品名称
UnitCost	money	N	商品成本价
UnitPrice	money	N	商品单价
Description	nvarchar(2000)		商品简介
TypeID	int	N	商品种类

主键，PK_Items：PKID

外键，FK_Categories_Books：TypeID

表 8-4　图书表（Books）

字段	类型	可否为空	备注
ItemID	int	N	图书编号
ISBN	nchar(13)	N	ISBN 号
PublisherID	int	N	出版商编号
Subject	nvarchar(255)		图书主题

主键，PK_Books：ItemID

外键，FK_ Items _Books：ItemID

　　　　FK_ Publishers _Books：PublisherID

表 8-5　作者表（Authors）

字段	类型	可否为空	备注
AuthorID	int	N	作者编号
Name	nvarchar(40)	N	作者姓名
Addr	nvarchar(80)		作者住址
E-mail	nvarchar(50)	N	作者 E-mail
Mobile	nvarchar(20)		移动电话
Number	nvarchar(20)		固定电话

主键，PK_Authors：AuthorID

表 8-6　作者图书关系表（BookAuthor）

字段	类型	可否为空	备注
ItemID	int	N	图书编号
AuthorID	int	N	作者编号

外键，FK_ Items _BookAuthor：ItemID

　　　　FK_ Authors _ BookAuthor：AuthorID

其中表 8-6 表示图书与作者之间的多对多联系。

2. 关系模型的优化

在概念结构转换成逻辑结构之后，虽然逻辑结构能够基本满足数据存储和管理的要求，但是对于数据的维护和应用系统的开发仍有不便，所以需要对转换的结果进行优化。逻辑结构优化的方法是应用关系规范化理论进行规范化。

应用关系规范化理论对概念结构转换产生的关系模式进行优化，具体步骤如下：

（1）确定每个关系模式内部各个属性之间的数据依赖以及不同关系模式属性之间的数据依赖。

（2）对各个关系模式之间的数据依赖进行最小化处理，消除冗余的联系。

（3）确定各关系模式的范式等级。

（4）按照需求分析阶段得到的处理要求，确定要对哪些模式进行合并或分解。

（5）为了提高数据操作的效率和存储空间的利用率，对上述产生的关系模式进行适当的修改、调整和重构。

> **注意：**
>
> 按照规范化理论对逻辑结构进行优化后，逻辑结构一般只要求达到三范式的要求即可，不必过于强调逻辑结构的冗余。在实际数据库应用系统的开发过程中，由于应用系统的开发要求，在完成数据库的规范化设计之后，有时还会再次对数据进行调整，适度地打破规范化理论的要求，以方便应用系统的开发。但此时应特别注意数据库中数据的冗余问题，需要采用一些技术手段防止出现数据不一致的问题。

表 8-2 至表 8-6 是完成优化后的结果。

3. 设计用户子模式

全局关系模型设计完成后，还应根据局部应用的需求，结合具体 DBMS 的特点，设计用户的子模式。

子模式设计时应注意考虑用户的习惯和方便，主要包括：

➢ 使用更符合用户习惯的别名。

➢ 可以为不同的用户定义不同的视图，以保证系统的安全性。

➢ 可将经常使用的复杂的查询定义为视图，简化用户操作。

8.2.4　物理设计

数据库的物理设计是指对数据库的逻辑结构在指定的 DBMS 上建立起适合应用环境的物理结构。物理设计通常分为两步。

1. 确定数据库的物理结构

在关系型数据库中，确定数据库的物理结构主要指确定数据的存储位置和存储结构，包括确定关系、索引、日志、备份等数据的存储分配和存储结构，并确定系统配置等工作。

确定数据的存储位置时，要区分稳定数据和易变数据、经常存取部分和不常存取部分、机密数据和普通数据等，分别为这些数据指定不同的存储位置，分开存放。

确定数据的存储结构时，主要根据数据的自身要求，选择顺序结构、链表结构或树状结构等。

确定数据的存储结构应综合考虑数据的存取时间、存储空间利用率和维护代价等各方面的因素，由于这些方面的要求往往相互矛盾，所以需要从整体上衡量以确定数据库的物理结构。同时，数据库的整体性能和具体的 DBMS 有关，设计人员需要详细了解 DBMS 所提供的方法和技术手段，针对应用环境的要求，对数据库进行合理的物理结构设计。

确定数据的存取方法时，主要确定数据的索引方法和聚簇方法。

由于图书销售管理系统本身并不复杂，系统的应用也不复杂，同时数据库中的数据量在一定时期内也不会太快地增长，在数据库的物理结构上，需要特别注意的地方不多，所以数据库采用集中式数据库，对系统的配置也无需做过多的工作，主要做好数据库的安全配置工作即可。有关数据库的安全配置，参见安全相关的内容。

2. 对物理结构进行评价

在数据库物理结构设计过程中，要对时间效率、空间效率、维护开销和各种用户要求进行权衡，从多种设计方案中选择一个较优的方案。评价数据库物理结构主要是定量估算各种方案的存储空间、存取时间和维护代价，对估算的结果进行权衡，如果有必要，还需要修改数据库设计。

8.2.5　数据库实施

数据库完成设计后，需要进行实现，以建立正式的数据库。实施阶段的工作主要有：

➤　建立数据库结构
➤　数据载入
➤　应用程序的开发
➤　数据库试运行

建立数据库结构时，主要应用选定的 DBMS 所支持的 DDL 语言，把数据库中需要建立的各组成部分建立起来。

把数据加载到数据库中是一项工作量很大的任务。数据库系统中的数据一般来源于各部门，数据的组织形式、结构都与新设计的数据库系统有差距。组织数据录入时，新系统对数据有一定的完整性控制，应用程序也应尽可能考虑数据的合理性。

数据库输入一部分数据后，需要开始对数据库系统进行联合调试，也就是数据库的试运行。试运行的主要任务是执行对数据库的各种操作，测试系统的各项功能是否满足设计要求，如果不能满足要求，则要对系统进行修改和调整，直到系统满足《用户需求规格说明书》的要求。

在试运行阶段应注意以下两方面：

（1）按照软件工程设计软件系统时，由于开发过程中用户需求可能发生变更，而且数据库的设计开发一般比应用软件的开发先完成，应用软件开发过程中也可能要求变更数据库设计，所以数据库的试运行只需输入小部分数据即可。

（2）在数据库试运行阶段，数据库系统和应用软件系统都处于不稳定阶段，因此应注意数据的备份和恢复工作，以便于发生故障后，能快速恢复数据库。

8.3　数据库的运行和维护

数据库系统试运行合格后，数据库系统的开发工作基本结束，可以投入正式运行。在正式运行过程中，需要对数据库进行长期的调整和维护。对数据库经常性的维护工作主要由 DBA 完成，主要包括以下工作：

（1）数据库的转储和恢复。

数据库的转储和恢复是系统正式运行后非常重要的一项维护工作。DBA 应根据系统的不同应用需求和系统的工作特点，做好不同的转储计划，并实施转储计划，以确保数据库发生故障后，能在最短的时间内将数据库恢复。

（2）数据库的安全性、完整性控制。

在数据库运行期间，数据库系统的应用环境会发生变化，对数据库的安全性、完整性要求也会发生变化，DBA 应根据实际情况对数据库进行调整。

（3）数据库性能的监督、分析和改造。

在数据库运行期间，DBA 应监督系统的运行状态，并对检测数据进行分析，保证或不断改进系统的性能。

（4）数据库的重组织与重构造。

在数据库运行一段时间之后，由于对数据库经常进行增、删、改等各种操作，数据库的物理存储情况可能变差，数据库对数据的存储效率将降低，数据库的性能将下降。DBA 要负责对数据库进行重新组织，按照原设计重新安排数据的存储位置、回收垃圾、减少指针链等。在数据库的重组过程中，可以采用各种重组工具，以提高工作效率和正确性。

在数据库系统的运行过程中，数据库的应用环境可能会发生变化，用户的应用需求也可能发生变化，原有的数据库设计可能不能满足新的变化，因此，需要 DBA 对数据库的逻辑结构进行局部地调整。在调整过程中，要按照软件工程的相关方法和步骤来进行，形成正式文档并进行评审和入库。

本章小结

数据库设计包括结构设计和行为特性设计两方面内容。

数据库设计过程可分为需求分析、概念结构设计、逻辑结构设计、物理设计、数据库实施以及数据库运行维护多个阶段。需求分析的主要工具是数据流图和数据字典;概念设计的主要工具是 E-R 图。

在需求分析阶段,要特别注意和客户进行充分及时地交流和沟通,减少需求分析的不正确性和不准确性,使其余后续的设计有较成熟而稳定的设计基线。

概念设计是设计过程中难度较大的过程,需要有一定的设计经验才能迅速地设计出合理的 E-R 模型。在设计时,要特别注意用属性还是用实体来表达一个对象更合适。

逻辑设计主要是把概念设计的结果转化为逻辑表达,主要包括:概念转换成 DBMS 所支持的数据模型、模型优化以及设计用户子模式三部分。

数据库运行时期,要特别注意数据库的转储和恢复以及数据库的安全性、完整性控制。

有一家公司是从事软件开发的小型公司,公司目前有员工 100 人,其组织机构如图 8-5 所示。

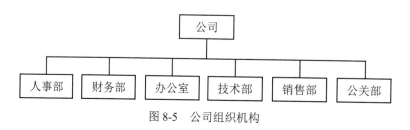

图 8-5　公司组织机构

公司员工分为总经理、部门经理、普通员工。公司所有员工的薪金、考勤、业绩评定等由人事部经理及其他人事部员工(人事助理)完成。由于公司人员越来越多,业务规模日益扩大,人事部的工作负荷日趋繁重,为高效、准确地完成各种人事管理事务,现确定开发一套人事管理系统,以实现办公自动化。

根据公司的组织结构和工作要求,该人事管理系统的主要功能为管理员工资料、员工考勤、评定员工业绩和自动计算员工薪资。

公司的人员类型及权限定义如表 8-7 所示。

本练习只完成整个数据库设计的员工基本信息管理部分。

1. 对数据库系统进行需求分析。

2. 分析员工信息的管理功能,并设计其数据流图。

表 8-7　人员类型及权限表

人员类型	权限
普通员工	查看员工资料、请假、加班、考勤、薪资等信息，填写业绩报告
部门经理	除普通员工的权限外，还可以审批请假、加班和业绩报告的信息
人事助理	修改员工资料，登记考勤信息，核实加班请假信息并计算月薪资
人事经理	除人事助理的权限外，还有指定员工起薪等权限

3．根据数据流图中涉及的信息，对信息进行分析，确定出所有数据项的描述内容。其中主要分析数据项名称、类型、长度以及取值范围。

4．把数据流图中涉及的数据项抽象为数据库的概念结构，并用 E-R 图描述出来。

5．把 E-R 图转化为相应的数据库的逻辑结构。

6．把数据库建立成相应的数据库管理系统，完成数据库的实施。

随手笔记

第9章

数据库应用系统的开发

本章主要内容是使用 SQL Server 2012 技术开发一个中小型企业 ERP 管理系统。ERP 管理系统是整合了企业管理理念、业务流程、基础数据、人力物力、计算机硬件和软件于一体的企业资源管理系统，它是一种先进的企业管理模式，是提高企业经济效益的解决方案。

9.1　系统分析

开发一个项目之前，首先需要对项目的需求进行调研，以便根据调研结果对项目进行系统分析。

9.1.1　需求分析

现在不少生产企业都有自己的单项信息化业务系统，例如进销存系统、财务系统、客户关系系统、工资人事系统等，但这些软件系统间的信息是各自独立的，无法实现信息共享。各个信息在某一个部门应用起来可能得心应手，但对企业整体来说，各个部门间的信息都是"孤岛"，并没有起到信息综合利用的效果。只有将企业各个部门的信息资源集成化，才能实现信息共享和企业资源的综合利用，这也正是企业 ERP 管理系统能够解决的最主要问题。

通过沟通和需求分析，本系统要求具有以下功能：

➢　限于操作人员的计算机操作水平，因此要求系统具有良好的人机交互界面。

➢　如果系统的使用人员较多，则要求有清晰的权限设置。

➢　方便的数据查询和管理功能。

➢　使用报表分析采购、销售、利润核算、库存预警等数据信息。

➢　在具有删除权限的情况下，可方便地删除数据记录。

➢　在具有审核或弃审权限的情况下，可审核或弃审业务单据。

➢　数据计算自动完成，尽量减少人工干预。

➢　业务流程自动控制，主动向用户提示业务流程信息。

9.1.2　系统运行环境

本系统的运行环境具体如下：

系统开发平台：Microsoft Visual Studio 2012

系统开发语言：C# 5.0

数据库管理软件：Microsoft SQL Server 2012

运行平台：Windows 7

运行环境：Microsoft.NET Framework SDK v4.0

显示器分辨率：1024*768（最佳效果）

扫码看视频

9.2　系统设计

项目确定之后，开发人员需要根据前期准备工作设定系统的完成目标，并根据目标绘制系统的功能结构图和业务流程图。另外，项目开发前期还需要指定系统的编码规范,以便后期更好地维护系统。

9.2.1 系统功能结构

企业 ERP 管理系统的主要功能包括对采购、销售、仓库、生产和客户等方面的管理,该系统的主模块功能结构如图 9-1 所示。

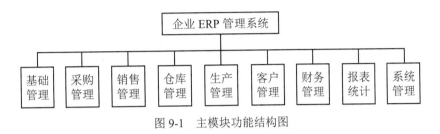

图 9-1 主模块功能结构图

该系统的子模块功能结构如图 9-2 所示。

图 9-2 子模块功能结构图

9.2.2 系统业务流程图

企业 ERP 管理系统的业务流程图如图 9-3 所示。

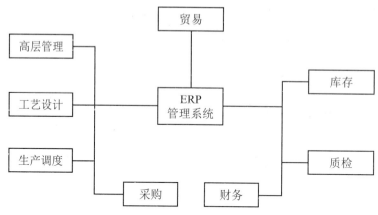

图 9-3　企业 ERP 管理系统的业务流程图

9.2.3 系统编码规范

遵守程序编码规则所开发的程序,代码清晰、整洁、方便阅读,提高了程序的可读性,真正做到"见其名知其意"。以下从数据库对象命名、业务编码和系统命名三个方面介绍程序开发中的编码规则。

1. 数据库对象命名规则

（1）数据库命名规范

数据库命名方式为该系统中文名称的英文单词和单词缩写的组合,如表 9-1 所示。

表 9-1　数据库命名

数据库名称	描述
SMALLERP	企业 ERP 管理系统数据库

（2）数据表命名规范

数据表名称以模块名称的英文单词前两个字母开头（大写）,后面加相关英文单词或缩写,如表 9-2 所示。

表 9-2　数据表命名

数据库表名称的前两位	描述
BS	基础管理模块对应信息表
PU	采购管理模块对应信息表
SE	销售管理模块对应信息表

数据库表名称的前两位	描述
ST	仓库管理模块对应信息表
PR	生产管理模块对应信息表
CU	客户管理模块对应信息表
FI	财务管理模块对应信息表
SY	系统管理模块对应信息表
IN	内置的系统信息数据表

（3）字段命名规范

字段一般采用英文单词或词组（可利用翻译软件）命名，如找不到专业的英文单词或词组，可以用相同意义的英文单词或词组代替，如表 9-3 所示。

表 9-3　字段命名

字段名称	描述
EmployeeCode	员工编号
EmployeeName	员工名称

（4）视图命名规范

视图命名以字母 V 开头（大写），后面加表示该视图作用的相关英文单词或缩写，如表 9-4 所示。

表 9-4　视图命名

视图名称	描述
V_BomStruct	哪些存货编制了物料清单结构

（5）存储过程命名规范

存储过程命名以字母 P 开头（大写），后面加表示该存储过程功能的相关英文单词或缩写，如表 9-5 所示。

表 9-5　存储过程命名

存储过程名称	描述
P_QueryForeignConstraint	查询某个表的主键具有的所有外键约束信息

2. 业务编码规则

（1）存货编码

存货编码用来唯一标识存货档案信息，不同种类的存货可以通过该代码来区分（即使存货名称相同），存货通常分为原材料、产成品、半成品和在产品 4 大类。在本系统中该编码的命名规则为：存货类别代码 + 分隔符（-）+ 存货序号，例如，02-1、01-1。

（2）销售订单编号

销售订单编号用来唯一标识商品的销售订单，即使两张销售订单的商品名称和数量相同，也完全可以通过该编号来区分。在本系统中该编码的命名规则为：日期字符串 + 分隔符（-）+ 单据流水号，例如，20170502-0013。

3．系统命名规范

（1）窗体命名规范

在创建一个窗体时，首先对窗体的 ID 进行命名，本系统中统一命名为"Form+ 窗体名称"，其中窗体名称最好是英文形式的窗体说明，便于开发者通过窗体 ID 就能知道该窗体的作用，如结算账户窗体，ID 名为 FormBSAccount。

在窗体中调用其他窗体时，必须对调用窗体进行引用，其引用的变量名为将第一个字母改为小写的原窗体名称，如生产完工窗体 FormProduceComplete 的引用名为 formProduceComplete。

（2）主要业务窗体中控件的命名规范

在一些主要业务窗体中，因为业务信息的复杂性，所以窗体上面的控件会比较多，若采用系统默认的命名，不方便程序员的后台编码工作。这里采用的命名规范为"控件名称缩写 + 英文单词"，例如，输入生产单号的 TextBox 控件被命名为 txtPRProduceCode。本系统中常用控件命名的缩写形式如表 9-6 所示。

表 9-6　常用控件命名的缩写形式

控件	缩写形式
TextBox	txt
Button	btn
ComboBox	cbx
RadioButton	rb
NumericUpDown	nud
CheckBox	chb
DataGridView	dgv

9.3　数据库与数据表设计

开发应用系统时，对数据库的操作是必不可少的，要根据程序的需求及其实现的功能进行数据库设计，数据库设计的合理性将直接影响到程序的开发过程。

9.3.1　数据库概念设计

数据库设计是系统开发过程中的重要部分，它是通过管理系统的整体需求而制定的，数据库设计的好坏直接影响到系统的后期开发，下面对本系统中具有代表性的数据库实体作详细说明。

1. 存货信息实体

存货信息实体用于描述商品的基本属性，如存货代码、存货名称、存货类别代码、规格型号等属性。存货信息实体的 E-R 图如图 9-4 所示。

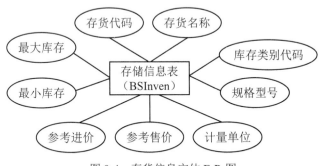

图 9-4　存货信息实体 E-R 图

2. 采购入库单信息实体

采购入库单信息实体用于存储采购入库单上填写的内容，如单据编号、单据日期、采购订单号、采购数量等属性。采购入库单信息实体的 E-R 图如图 9-5 所示。

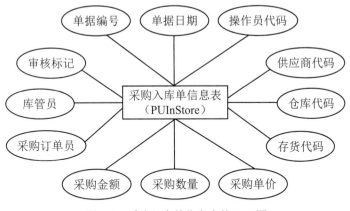

图 9-5　采购入库单信息实体 E-R 图

3. 销售收款单信息实体

销售收款单信息实体用于存储销售收款单上填写的内容，如单据编号、单据日期、出库日期、收款金额等属性。销售收款单信息实体的 E-R 图如图 9-6 所示。

4. 领料单信息实体

领料单信息实体用于存储领料单上填写的内容，例如单据编号、单据日期、生产单号、领料人、数量、单价等属性。领料单信息实体的 E-R 图如图 9-7 所示。

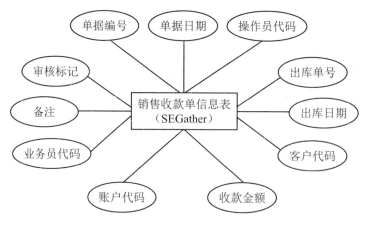

图 9-6 销售收款单信息实体 E-R 图

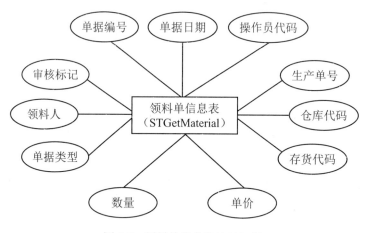

图 9-7 领料单信息实体 E-R 图

5. 存货库存信息实体

存货库存信息实体用于描述商品的库存信息属性，如仓库代码、存货代码、库存数量、损失数量、价格、损失金额等属性。存货库存信息实体的 E-R 图如图 9-8 所示。

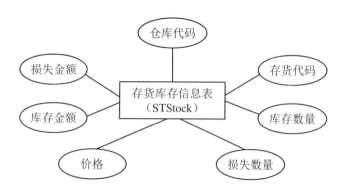

图 9-8 存货库存单信息实体 E-R 图

9.3.2　数据库逻辑设计

根据设计好的 E-R 图在数据库中创建数据表。下面给出比较重要的数据表结构，其他数据表结构留给读者自己完成。

（1）BSInven（存货信息表）

表 BSInven 用于保存各种存货档案资料，该表的结构如表 9-7 所示。

表 9-7　存货信息表

字段名称	数据类型	字段大小	说明
InvenCode	varchar	10	存货代码
InvenName	varchar	40	存货名称
InvenTypeCode	varchar	10	存货类别代码
SpecsModel	varchar	30	规格型号
MeaUnit	varchar	10	计量单位
SelPrice	decimal	9	参考售价
PurPrice	decimal	9	参考进价
SmallStockNum	int	4	最小库存
BigStockNum	int	4	最大库存

（2）PUInStore（采购入库单信息表）

表 PUInStore 用于保存原材料采购入库的详细信息，该表的结构如表 9-8 所示。

表 9-8　采购入库单信息表

字段名称	数据类型	字段大小	说明
PUInCode	varchar	20	单据编号
PUInDate	datetime	8	单据日期
OperatorCode	varchar	10	操作员代码
SupplierCode	varchar	10	供应商代码
StoreCode	varchar	10	仓库代码
InvenCode	varchar	10	存货代码
UnitPrice	decimal	9	采购单价
Quantity	int	4	采购数量
PUMoney	decimal	9	采购金额
PUOrderCode	varchar	20	采购订单号
EmployeeCode	varchar	10	库管员
IsFlag	char	1	审核标记

（3）SEGather（销售收款单信息表）

表 SEGather 用于保存产品销售收款的详细信息，该表的结构如表 9-9 所示。

表 9-9　销售收款单信息表

字段名称	数据类型	字段大小	说明
SEGatherCode	varchar	20	单据编号
SEGatherDate	datetime	8	单据日期
OperatorCode	varchar	10	操作员代码
SEOutCode	varchar	20	销售出库单号
SEOutDate	datetime	8	销售出库日期
CustomerCode	varchar	10	客户代码
SEMoney	decimal	9	收款金额
AccountCode	varchar	19	账户代码
EmployeeCode	varchar	10	业务员代码
Remark	text	16	备注
IsFlag	char	1	审核标记

（4）STGetMaterial（领料单信息表）

表 STGetMaterial 用于记录领料单的详细信息，该表的结构如表 9-10 所示。

表 9-10　领料单信息表

字段名称	数据类型	字段大小	说明
STGetCode	varchar	20	单据编号
STGetDate	datetime	8	单据日期
OperatorCode	varchar	10	操作员代码
PRProduceCode	varchar	20	生产单号
StoreCode	varchar	10	仓库代码
InvenCode	varchar	10	存货代码
UnitPrice	decimal	9	单价
Quantity	int	4	数量
BillType	char	1	单据类型
EmployeeCode	varchar	10	领料人
IsFlag	char	1	审核标记

（5）STStock（存货库存信息表）

表 STStock 用于记录各种存货的库存信息，该表的结构如表 9-11 所示。

（6）PRPlan（主生产计划信息表）

表 PRPlan 用户保存主生产计划的详细信息，该表的结构如表 9-12 所示。

表 9-11　存货库存信息表

字段名称	数据类型	字段大小	说明
StoreCode	varchar	10	仓库代码
InvenCode	varchar	10	存货代码
Quantity	int	4	库存数量
LossQuantity	int	4	损失数量
AvePrice	decimal	9	价格
STMoney	decimal	9	库存金额
LossMoney	decimal	9	损失金额

表 9-12　主生产计划信息表

字段名称	数据类型	字段大小	说明
PRPlanCode	varchar	20	单据编号
PRPlanDate	datetime	8	单据日期
OperatorCode	varchar	10	操作员代码
SEOrderCode	varchar	20	销售订单号
InvenCode	varchar	10	产品代码
Quantity	int	4	计划数量
FinishDate	datetime	8	完成日期
IsFlag	char	1	审核标记

（7）PRProduce（生产单主信息表）

表 PRProduce 用户保存企业制定的生产单记录，该表的结构如表 9-13 所示。

表 9-13　生产单主信息表

字段名称	数据类型	字段大小	说明
PRProduceCode	varchar	20	单据编号
PRProduceDate	datetime	8	单据日期
OperatorCode	varchar	10	操作员代码
PRPlanCode	varchar	20	主生产计划号
DepartmentCode	varchar	10	车间代码
InvenCode	varchar	10	产品代码
Quantity	int	4	生产数量
StartDate	datetime	8	开始日期
EndDate	datetime	8	结束日期
IsFlag	char	1	审核标记
IsComplete	char	1	完工标记

（8）PRProduceItem（生产单子信息表）

表 PRProduceItem 用于记录该笔生产单所需原料的需求量、领用量和使用量等信息，该表的结构如表 9-14 所示。

表 9-14　生产单子信息表

字段名称	数据类型	字段大小	说明
Id	int	4	自增序号
PRProduceCode	varchar	20	生产单号
InvenCode	varchar	10	原料代码
Quantity	int	4	原料的需求量
GetQuantity	int	4	原料的领用量
UseQuantity	int	4	原料的使用量

（9）CUSellChance（销售机会信息表）

表 CUSellChance 用于记录客户的销售机会，该表的结构如表 9-15 所示。

表 9-15　销售机会信息表

字段名称	数据类型	字段大小	说明
SellID	int	4	自增序号
CustomerCode	varchar	10	客户编码
Theme	varchar	50	标题
RegDate	datetime	8	登记日期
ChanceCode	varchar	10	机会等级
ForeDate	datetime	8	预售日期
InvenCode	varchar	10	产品编码
UnitPrice	decimal	9	预售单价
Quantity	int	4	预售数量
CUMoney	decimal	9	预售金额
Remark	text	16	备注

（10）SYAssignRight（操作权限信息表）

表 SYAssignRight 用于保存操作员对模块的操作权限，该表的结构如表 9-16 所示。

表 9-16　操作权限信息表

字段名称	数据类型	字段大小	说明
OperatorCode	varchar	10	操作员代码
ModuleTag	varchar	10	模块标识
RightTag	varchar	10	模块操作标识
IsRight	char	1	权限标记

9.3.3　数据表逻辑关系

为了能够更好地了解存货信息表与其他各表之间的关系，在这里给出数据表关系图，如图 9-9 所示。通过图 9-9 的表关系可以看出，很多信息表要从存货信息表中获取存货信息（主要通过存货代码相关联），而存货信息表中的存货类别代码字段的值又来自于存货类型信息表。

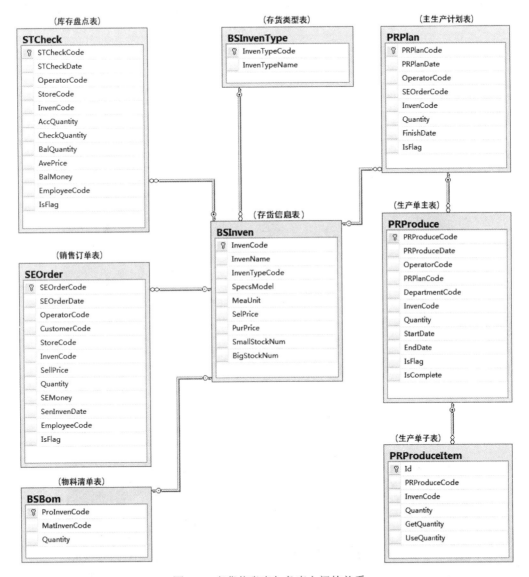

图 9-9　存货信息表与各表之间的关系

为了能够更好地理解权限分配表、软件模块表和权限名称表之间的关系，下面列出这 3 个表之间的关系图，如图 9-10 所示。从图 9-10 中可以看出，权限分配表从权限名称表和软件模块表中分别获取权限标识信息和模块标识信息。

图 9-10　权限分配表与权限名称表、软件模块表之间的关系

9.4　数据库前台界面设计

ERP 管理系统由多个功能窗体组成，下面只列出用户登录、主界面和销售订单界面这 3 个界面。

用户登录界面如图 9-11 所示，用于验证登录用户的合法性，已在本系统中登记过的用户才可以使用本系统。

图 9-11　用户登录界面

主界面如图 9-12 所示，在界面左侧可以点开数据库系统中的 9 个功能模块。

图 9-12　主界面

销售订单界面如图 9-13 所示，用于查询和显示销售订单信息。

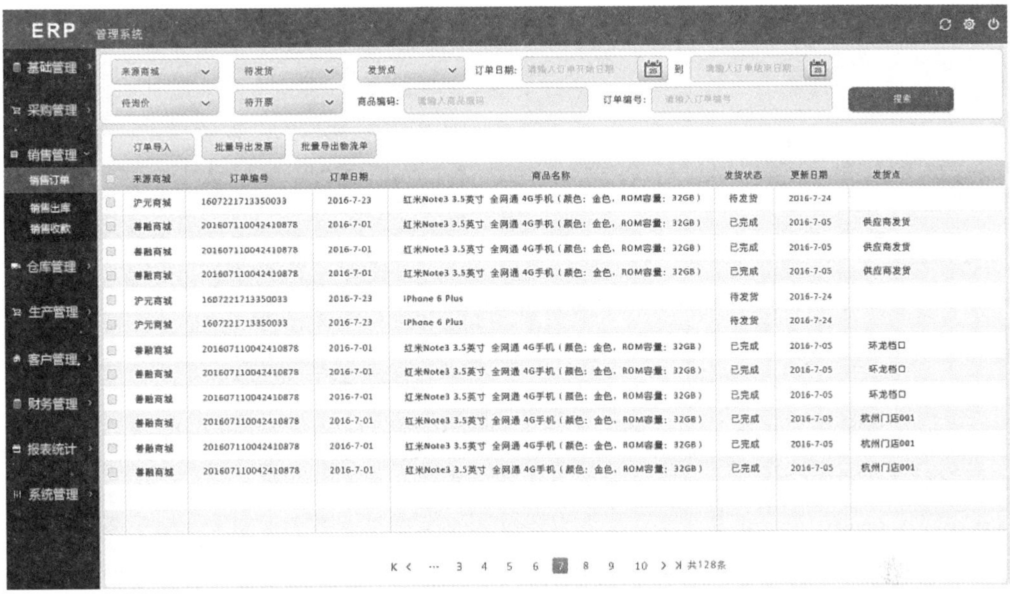

图 9-13 销售订单界面

本章小结

本章通过一个中小型企业完整的 ERP 管理系统，运用软件工程的设计思想，介绍如何进行数据库应用系统的实践开发。在开发系统的准备阶段，应该对系统的所有模块做一个总体分类（可以按照逻辑层次或模块功能划分），然后按照这个分类建立对应的存放文件夹，这样有利于系统的开发管理和后期的维护工作。

随手笔记

附 录

ASCII 码表

为了使输入设备和计算机之间能进行信息交换，通常采用统一的信息交换代码 ASCII（American Standard Code for Information Interchange）码，它的全称是"美国信息交换标准代码"，包含最广泛的西文字符集，被国际标准化组织 ISO（International Organization for Standardization）批准为国际标准。

ASCII 字符集及其编码

ASCII 值	控制字符	ASCII 值	控制字符	ASCII 值	控制字符	ASCII 值	控制字符
0	NUL	32	(space)	64	@	96	、
1	SOH	33	!	65	A	97	a
2	STX	34	”	66	B	98	b
3	ETX	35	#	67	C	99	c
4	EOT	36	$	68	D	100	d
5	ENQ	37	%	69	E	101	e
6	ACK	38	&	70	F	102	f
7	BEL	39	,	71	G	103	g
8	BS	40	(	72	H	104	h
9	HT	41	)	73	I	105	i
10	LF	42	*	74	J	106	j
11	VT	43	+	75	K	107	k
12	FF	44	,	76	L	108	l
13	CR	45	-	77	M	109	m
14	SO	46	.	78	N	110	n
15	SI	47	/	79	O	111	o
16	DLE	48	0	80	P	112	p
17	DCI	49	1	81	Q	113	q
18	DC2	50	2	82	R	114	r
19	DC3	51	3	83	X	115	s
20	DC4	52	4	84	T	116	t
21	NAK	53	5	85	U	117	u
22	SYN	54	6	86	V	118	v
23	TB	55	7	87	W	119	w
24	CAN	56	8	88	X	120	x
25	EM	57	9	89	Y	121	y
26	SUB	58	:	90	Z	122	z
27	ESC	59	;	91	[	123	{

ASCII 值	控制字符	ASCII 值	控制字符	ASCII 值	控制字符	ASCII 值	控制字符
28	FS	60	<	92	/	124	|
29	GS	61	=	93	]	125	}
30	RS	62	>	94	^	126	~
31	US	63	?	95	—	127	DEL

　　基本的 ASCII 字符集共有 128 个字符，其中有 96 个可打印字符，包括常用的字母、数字、标点符号等，另外还有 32 个控制字符。

参考文献

[1] 库波，郭俐．数据库技术及应用：SQL Server．北京：理工大学出版社，2013．

[2] 西尔伯沙茨．数据库系统概念．6 版．北京：机械工业出版社，2013．

[3] 明日科技．SQL Server 从入门到精通．北京：清华大学出版社，2012．

[4] 刘瑞新．数据库系统原理及应用教程．4 版．北京：机械工业出版社，2014．

[5] 王珊，萨师煊．数据库系统概论．北京：高等教育出版社，2006．

[6] 西尔伯沙茨（Silberschatz. A.）．数据库系统概念（原书·第 6 版）．北京：机械工业出版社，2012．

[7] 王珊，萨师煊．数据库系统概论．5 版．北京：高等教育出版社，2014．

[8] 唐汉明．DBA 修炼之道：数据库管理员的第一本书．北京：人民邮电出版社，2014．

[9] 迈克尔·J·埃尔南德斯．自己动手设计数据库．北京：电子工业出版社，2015．

[10] 刘玉新．SQL Server 2012 数据库应用案例课堂．北京：清华大学出版社，2016．

[11] 陈洁．数据库技术与应用 - SQL Server 2005．北京：北京师范大学出版社，2013．

[12] 王珊．数据库基础与应用．2 版．北京：人民邮电出版社，2016．

[13] 邹茂扬．大话数据库．北京：清华大学出版社，2013．

[14] 苗雪兰．数据系统原理及应用教程．4 版．北京：机械工业出版社，2014．

[15] 孙晓莹．数据库原理与应用．成都：西南交通大学出版社，2013．

[16] 万常选．数据库系统原理与设计．2 版．北京：清华大学出版社，2012．

[17] 王雨竹．SQL Server 2008 数据库管理与开发教程（第 2 版）．北京：人民邮电出版社，2012．